HAYLEY BIRCH

50 IDEIAS DE QUÍMICA
QUE VOCÊ PRECISA CONHECER

2ª edição

Tradução de
Helena Londres

Planeta

Copyright © Hayley Birch, 2015
Copyright © Editora Planeta do Brasil, 2018, 2022
Copyright da tradução © Helena Londres
Título original: *50 Chemistry Ideas You Really Need to Know*
Todos os direitos reservados.

Preparação: Débora Dutra
Revisão técnica: Fernanda Paganini
Revisão: Maria Aiko Nishijima e Denise Schittine
Diagramação: Vivian Oliveira
Capa: Filipa Damião Pinto (@filipa_) | Foresti Design
Adaptação de capa: Fabio Oliveira

INTERNACIONAIS DE CATALOGAÇÃO NA PUBLICAÇÃO (CIP)
ANGÉLICA ILACQUA CRB-8/7057

Birch, Hayley
    50 ideias de química que você precisa conhecer / Hayley Birch ; tradução de Helena Londres. – 2. ed. -- São Paulo : Planeta, 2022.
    216 p.

    ISBN 978-65-5535-651-9
    Título original: 50 chemistry ideas you really need to know

    1. Química – Obras populares 2. Curiosidades e maravilhas I. Título II. Londres, Helena

22-0944   CDD 540

Índice para catálogo sistemático:
1. Química – Obras populares

MISTO
Papel produzido a partir
de fontes responsáveis
FSC   FSC® C011188

Ao escolher este livro, você está apoiando o manejo responsável das florestas do mundo

2022
Todos os direitos desta edição reservados à
EDITORA PLANETA DO BRASIL LTDA.
Rua Bela Cintra, 986, 4º andar – Consolação
São Paulo – SP – 01415-002
www.planetadelivros.com.br
faleconosco@editoraplaneta.com.br

Sumário

Introdução	5	27 Química computacional	110
01 Átomos	6	28 Carbono	114
02 Elementos	10	29 Água	118
03 Isótopos	14	30 Origem da vida	122
04 Compostos	18	31 Astroquímica	126
05 Juntando tudo	22	32 Proteínas	130
06 Mudança de fases	26	33 Ação enzimática	134
07 Energia	30	34 Açúcares	138
08 Reações químicas	34	35 DNA	142
09 Equilíbrio	38	36 Biossíntese	146
10 Termodinâmica	42	37 Fotossíntese	150
11 Ácidos	46	38 Mensageiros químicos	154
12 Catalisadores	50	39 Gasolina	158
13 Oxirredução	54	40 Plásticos	162
14 Fermentação	58	41 CFCs	166
15 Craqueamento	62	42 Compósitos	170
16 Síntese química	66	43 Células solares	174
17 O processo Haber	70	44 Drogas	178
18 Quiralidade	74	45 Nanotecnologia	182
19 Química verde	78	46 Grafeno	186
20 Separação	82	47 Impressão em 3-D	190
21 Espectros	86	48 Músculos artificiais	194
22 Cristalografia	90	49 Biologia sintética	198
23 Eletrólise	94	50 Combustíveis futuros	202
24 Microfabricação	98		
25 Automontagem	102	A tabela periódica	206
26 Laboratório num chip	106	Índice	209

Introdução

A química é frequentemente considerada a coitadinha das ciências. Eu estava outro dia mesmo conversando com uma química que me disse estar cansada de seu objeto de estudo ser visto como "apenas um punhado de gente perdendo tempo com coisas malcheirosas em laboratórios". Por algum motivo, a química é tida como menos relevante do que a biologia e menos interessante do que a física.

Então, como autora de um livro de química, meu desafio é ajudar você a passar por cima desse problema de imagem e acabar com essa ideia de coitadinho. Porque – e não é muita gente que sabe disso – a química é, na realidade, a melhor ciência.

A química está no núcleo de praticamente tudo. Seus componentes – os átomos, as moléculas, os compostos e as misturas – constituem cada grama de matéria neste planeta. Suas reações são responsáveis pela sustentação da vida e pela criação de tudo de que a vida depende. Seus produtos marcam o progresso de nossa existência moderna – da cerveja aos shorts de Lycra.

O motivo pelo qual a química tem um problema de imagem, eu acho, é que, em vez de focalizarmos as coisas interessantes e relevantes, nós nos atolamos tentando aprender um conjunto de regras sobre como a química funciona, fórmulas de estruturas moleculares, receitas de reações e daí por diante. E, embora os químicos possam argumentar que essas regras e receitas são importantes, a maior parte irá concordar que elas não são especialmente empolgantes.

Então, neste livro não vamos lidar muito com regras. Você pode verificá-las em algum outro lugar, se quiser. Tentei manter o foco naquilo que acho relevante e interessante com respeito à química. E nesse percurso tentei canalizar o espírito do meu professor de química, o senhor Smailes, que me mostrou como fazer sabão e *nylon*, e que usava algumas gravatas realmente excelentes.

01 Átomos

Os átomos são os tijolos de construção da química e do nosso Universo. Eles constituem os elementos, os planetas, as estrelas e você. O conhecimento dos átomos, do que eles são feitos e como interagem uns com os outros, permite explicar praticamente tudo o que acontece nas reações químicas – no laboratório e na natureza.

Bill Bryson celebremente escreveu que cada um de nós pode estar carregando até um bilhão de átomos que já pertenceram a William Shakespeare. Você pode muito bem pensar, "Uau! Isso é um monte de átomos mortos de Shakespeare". Bem, é e não é. Por um lado, um bilhão (1.000.000.000) é mais ou menos o número de segundos que cada um de nós terá vivido no nosso 33º aniversário. Por outro lado, um bilhão é o total de grãos de sal que encheria uma banheira comum, e é menos que um bilionésimo de um bilionésimo do número de átomos no seu corpo inteiro. Isso serve para explicar como um átomo é pequeno – há mais de um bilhão vezes um bilhão vezes um bilhão deles só em você –, e sugere que você não tem átomos mortos de Shakespeare em número suficiente sequer para formar uma célula cerebral.

A vida é um pêssego Os átomos são tão minúsculos que, até recentemente, era impossível vê-los. Isso mudou com o desenvolvimento de microscópios de super-resolução, a ponto de, em 2012, cientistas australianos terem sido capazes de tirar uma fotografia da sombra projetada por um único átomo. Mas nem sempre foi necessário que os químicos os vissem para compreenderem que, em algum nível fundamental, os átomos poderiam explicar a maior parte do que acontece no laboratório e na vida. Grande parte da química compreende atividades ainda menores, partículas subatômicas chamadas elétrons, que constituem as camadas externas dos átomos.

Se você conseguisse segurar um átomo na mão, como se ele fosse um pêssego, o caroço no meio seria o que é chamado de núcleo, contendo os prótons e os nêutrons, e a polpa suculenta seria formada de elétrons. De fato, se seu

linha do tempo

c. 400 a.C.	1803	1904
O filósofo grego Demócrito se refere a partículas indivisíveis semelhantes ao átomo	John Dalton propõe uma teoria atômica	Joseph John Thomson apresenta o modelo do átomo como um "pudim de passas"

pêssego fosse realmente como um átomo, a maior parte dele seria polpa, e o caroço seria tão pequeno que você poderia engoli-lo sem perceber – isso representa quanto do átomo é ocupado pelos elétrons. Mas é aquele núcleo que impede o átomo de se desmanchar. Ele contém prótons, partículas carregadas positivamente, que exercem uma atração suficiente sobre os elétrons carregados negativamente para que eles não saiam voando em todas as direções.

> **Teoria atômica e reações químicas**
>
> Em 1803, o químico inglês John Dalton deu uma palestra na qual propunha uma teoria da matéria baseada em partículas indestrutíveis chamadas átomos. Ele disse, em essência, que elementos diferentes são feitos de átomos diferentes, os quais podem se combinar para formar compostos, e que reações químicas envolvem um rearranjo desses átomos.

Por que um átomo de oxigênio é um átomo de oxigênio? Nem todos os átomos são iguais. Você já pode ter percebido que um átomo não compartilha tantas similaridades com um pêssego, mas vamos levar a analogia com as frutas um pouco mais longe. Os átomos se apresentam em muitas variedades ou sabores diferentes. Se nosso pêssego fosse um átomo de oxigênio, então uma ameixa poderia ser, digamos, um átomo de carbono. Ambos são bolinhas de elétrons rodeando um caroço de próton, mas com características inteiramente diferentes. Os átomos de oxigênio flutuam em pares (O_2), enquanto os átomos de carbono se aglomeram numa massa para formar substâncias duras, como diamante e grafite (C). O que os torna elementos diferentes (ver página 10) é o seu número de prótons. O oxigênio, com oito prótons, tem dois a mais que o carbono. Elementos realmente grandes, pesados, como o seabórgio e o nobélio, têm mais de cem prótons em seu núcleo atômico. Quando há tantas cargas positivas comprimidas no espaço quase inexistente, de tão pequeno, do núcleo, cada uma repelindo a outra, o equilíbrio é facilmente perturbado e os elementos pesados, como resultado, ficam instáveis.

Em geral, um átomo, seja lá qual for seu sabor, terá o mesmo número de elétrons que os de prótons no seu núcleo. Se faltar um elétron, ou se o átomo capturar mais um, as cargas positivas e negativas já não se equilibram e o átomo se torna o que os químicos chamam de um "íon" – um átomo ou molécula carregados. Os íons são importantes porque suas cargas ajudam a unir

1911	1989	2012
Ernest Rutherford descreve o núcleo atômico	Pesquisadores da IBM manipulam átomos individuais para escrever "IBM"	A descoberta do bóson de Higgs contribui com o modelo padrão do átomo

Divisão do átomo

O modelo primitivo de "pudim de passas" do átomo, de J. J. Thomson, era visto como um "pudim" maciço e homogêneo carregado positivamente, com "passas" carregadas negativamente (elétrons) distribuídas ao redor de maneira uniforme. Esse modelo mudou: agora sabemos que os prótons e outras partículas subatômicas, chamadas nêutrons, formam o centro do átomo, minúsculo, denso, e que os elétrons formam uma nuvem em torno deles. Sabemos, além disso, que os prótons e os nêutrons contêm partículas ainda menores, chamadas quarks. Os químicos em geral não lidam com essas partículas menores – elas são de interesse dos físicos, que despedaçam átomos em aceleradores de partículas para encontrá-las. Mas é importante lembrar que o modelo de átomo da ciência – e como a matéria se encaixa no nosso Universo – ainda está evoluindo. A descoberta do bóson de Higgs, em 2012, por exemplo, confirmou a existência de uma partícula que os físicos já tinham incluído em seu modelo e usaram para fazer predições a respeito de outras partículas; entretanto, ainda há trabalho a ser feito para determinar se é o mesmo tipo de bóson de Higgs que eles estão procurando.

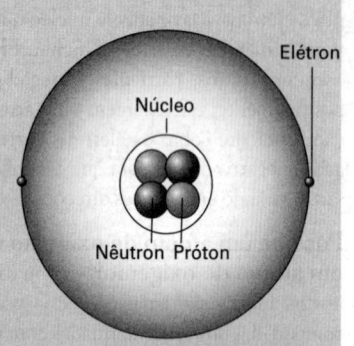

O núcleo incrivelmente denso e pequeno de um átomo contém prótons carregados positivamente e nêutrons neutros, orbitados por elétrons carregados negativamente.

todo tipo de substância, como o cloreto de sódio, do sal de cozinha, e o carbonato de cálcio, do calcário.

Os tijolos da vida Além de constituir ingredientes da despensa, os átomos formam tudo o que rasteja ou respira ou lança raízes, construindo moléculas assombrosamente complexas, como o DNA, e as proteínas que formam nossos músculos, ossos e cabelo. Eles fazem isso unindo-se (ver página 22) a outros átomos. O que é interessante a respeito de toda a vida na Terra, no entanto, é que, apesar de sua tremenda diversidade, ela possui, sem exceção, um sabor específico de átomo: carbono.

Da bactéria que se agarra à vida em torno de fissuras nas partes mais profundas e mais escuras do oceano a pássaros voando no alto do céu, não há uma única coisa viva no planeta que não partilhe aquele elemento comum, o carbono. Mas, como ainda não descobrimos vida em nenhum outro lugar, não podemos dizer se foi por um evento aleatório que a vida se desenvolveu desse jeito, ou se a vida poderia prosperar usando outros tipos de átomos. Os fãs de ficção científica estarão bem familiarizados com biologias alternativas – seres com base de silício apareceram em *Star treck* e *Guerra nas estrelas* como formas de vida alienígenas.

Átomo por átomo Progressos na área da nanotecnologia (ver página 182) – que promete tudo, desde painéis solares mais eficientes até drogas que buscam e destroem células cancerosas – trouxeram o mundo do átomo para um foco mais distinto. Os instrumentos da nanotecnologia operam numa escala de um bilionésimo de metro – ainda maior do que um átomo, mas nessa escala é possível pensar em manipular átomos e moléculas individualmente. Em 2013, pesquisadores da IBM fizeram a menor animação quadro a quadro do mundo, apresentando um garoto brincando com uma bola. Tanto o garoto quanto a bola eram feitos de átomos de cobre, tudo visível individualmente no filme. Enfim a ciência está começando a trabalhar numa escala que combina com a visão que o químico tem do nosso mundo.

> **"A beleza de uma coisa viva não são os átomos de que ela é feita, mas o modo como esses átomos estão unidos."**
> **Carl Sagan**

A ideia condensada:
Tijolos de construção

02 Elementos

Os químicos vão a extremos para descobrir novos elementos, as substâncias químicas mais básicas. A Tabela Periódica nos permite organizar essas descobertas, mas ela não é apenas um catálogo. Há padrões na Tabela Periódica que fornecem indícios a respeito da natureza de cada elemento e de como eles podem se comportar quando encontram outros elementos.

O alquimista do século XVII Hennig Brand aplicou um golpe do baú. Depois de se casar, ele abandonou o emprego como oficial do exército e usou o dinheiro da esposa para financiar uma pesquisa em busca da Pedra Filosofal – uma substância mística, ou mineral, que os alquimistas procuravam havia séculos. Segundo a lenda, a Pedra tinha o poder de "transmutar" metais comuns, como ferro e chumbo, em ouro. Depois que sua primeira mulher morreu, Brand encontrou outra esposa e continuou sua pesquisa mais ou menos da mesma maneira. Aparentemente, tinha passado pela cabeça dele que a Pedra Filosofal poderia ser sintetizada a partir de fluidos corporais, e Brand, para extraí-la, adquiriu então nada menos do que 1.500 galões de urina humana. Finalmente, em 1669, ele fez uma descoberta assombrosa, mas não era a Pedra. Por meio de suas experiências, que envolviam a fervura e separação da urina, Brand tinha, sem querer, se tornado a primeira pessoa a descobrir um elemento usando meios químicos.

Brand produzira um composto contendo fósforo, a que ele se referia como "fogo frio", porque brilhava no escuro. Mas foi só nos anos 1770 que o fósforo foi reconhecido como um elemento novo. A essa altura, os elementos estavam sendo descobertos aos montes, com os químicos isolando oxigênio, nitrogênio, cloro e manganês, tudo no intervalo de uma década.

Em 1869, dois séculos depois da descoberta de Brand, o químico russo Dmitri Mendeleev criou a Tabela Periódica, e o fósforo tomou seu devido lugar nela, entre o silício e o enxofre.

linha do tempo

1669	1869	1913
Primeiro elemento – fósforo – descoberto por meios químicos	Mendeleev publica a primeira encarnação de sua Tabela Periódica	Henry Moseley define elementos por seu número atômico

O que é um elemento? Durante muito tempo, o fogo, o ar, a água e a terra foram considerados "os elementos". Um misterioso quinto elemento, o éter, foi acrescentado para explicar as estrelas, já que elas não poderiam, como argumentava o filósofo Aristóteles, ser feitas de qualquer elemento terrestre. A palavra "elemento" vem do latim (*elementum*), significando "primeiro princípio" ou "a forma mais básica" – uma descrição nada ruim, mas que nos deixa pensando na diferença entre elementos e átomos.

A diferença é simples. Elementos são substâncias, em qualquer quantidade; átomos são unidades fundamentais. Um pedaço sólido do fósforo de Brand – incidentalmente, uma matéria química tóxica e um componente de gás neurológico – é uma coleção de átomos de um elemento em particular. No entanto, curiosamente, nem todos os pedaços de fósforo são iguais, porque seus átomos podem estar arranjados de modos diferentes, mudando a estrutura interna e também a aparência externa. Dependendo de como os átomos estão dispostos no fósforo, este pode ser branco, preto, vermelho ou violeta. Essas variedades também se comportam de modo distinto, por exemplo, fundindo-se em temperaturas completamente diferentes. O fósforo branco derrete ao Sol em um dia muito quente, enquanto o fósforo preto precisaria ser aquecido numa fornalha acima de 600 °C para se fundir. Entretanto, os dois são feitos dos mesmos átomos com 15 prótons e 15 elétrons.

Padrões na Tabela Periódica Para o observador não treinado, a Tabela Periódica (ver páginas 206-7) tem a aparência de um jogo de Tetris ligeiramente não ortodoxo, no qual – dependendo da versão que você está olhando – alguns blocos não caíram bem até o fundo. Parece que precisa de uma boa arrumação. Na verdade, é uma bagunça bem organizada, e qualquer químico consegue rapidamente encontrar o que está procurando no

> **Decodificação da Tabela Periódica**
>
> Na Tabela Periódica (ver páginas 206-7), os elementos são representados por letras. Algumas são abreviações evidentes, como o Si para o silício, enquanto outras, como W para tungstênio, parecem não ter sentido – casos como esse costumam ser referência a nomes arcaicos. O número acima da letra é o número de massa – o número de núcleons (prótons e nêutrons) no núcleo de um elemento. O número subscrito é seu número de prótons (número atômico).

1937
Primeiro elemento produzido artificialmente – tecnécio

2000
Cientistas russos descobrem o elemento superpesado livermório

2010
Anunciada a descoberta do elemento de número atômico 117: ununséptio [atualmente esse elemento se chama tenesso]

meio da desordem aparente. Isso porque o projeto perspicaz de Mendeleev contém padrões ocultos que ligam os elementos de acordo com suas estruturas atômicas e seu comportamento químico.

Ao longo das fileiras da tabela, da esquerda para a direita, os elementos estão arrumados em ordem de número atômico – o número de prótons que cada elemento tem em seu núcleo. Mas o gênio da invenção de Mendeleev foi perceber quando as propriedades dos elementos começam a se repetir, e aí aparece uma nova fileira. É por meio das colunas, portanto, que algumas percepções mais sutis são compreendidas. Veja a coluna na extrema direita, que vai do hélio ao oganessônio. Esses são gases nobres, todos gases incolores sob condições normais e particularmente preguiçosos quando se trata de se envolverem em qualquer tipo de reação química. O neônio, por exemplo, é tão inerte que não se consegue convencê-lo a entrar em um composto com qualquer outro elemento. Os motivos para isso estão relacionados aos elétrons. Dentro de qualquer átomo, os elétrons estão dispostos em camadas concêntricas, que só podem ser ocupadas por determinado número de elétrons. Uma vez que uma camada está completa, elétrons adicionais têm de começar a preencher outra camada, mais externa. Como o número de elétrons em qualquer elemento dado aumenta com a elevação do número atômico, cada elemento tem uma configuração eletrônica diferente. A característica principal dos gases nobres é que todas as suas camadas exteriores estão completas. Essa estrutura completa é muito estável, significando que os elétrons são difíceis de ser incitados à ação.

> **"O mundo das reações químicas é feito um palco... os atores são os elementos."**
>
> Clemens Alexander Winkler, descobridor do elemento germânio

Podemos reconhecer muitos outros padrões na Tabela Periódica. À medida que você vai da esquerda para a direita, na direção dos gases nobres, e de baixo para cima, é preciso mais esforço (energia) para extrair um elétron de um átomo de cada elemento.

O meio da tabela é ocupado principalmente por metais, que se tornam mais metálicos conforme você se aproxima do canto mais à esquerda. Os químicos usam seu conhecimento desses padrões para prever como os elementos vão se comportar nas reações.

Superpesados Uma das poucas coisas em comum entre a química e o boxe é que ambos têm seus superpesados. Ao mesmo tempo que os pesos-mosca flutuam no topo da Tabela Periódica – os átomos de hidrogênio e hélio portando apenas três prótons entre eles –, os das fileiras de baixo afundaram em virtude de suas pesadas cargas atômicas. A tabela cresceu ao longo de muitos anos incorporando novas descobertas de elementos mais

> ### A caça pelo mais pesado superpesado
>
> Ninguém gosta de trapaceiros, mas eles são encontrados em todas as profissões, e a ciência não é uma exceção. Em 1999, cientistas no laboratório Lawrence Berkely, na Califórnia, publicaram um artigo científico comemorando a descoberta dos elementos superpesados 116 (livermório) e 118 (ununóctio) [atualmente, esse elemento se chama oganessônio]. Mas algo não fazia sentido. Depois de ler o artigo, outros cientistas tentaram repetir a experiência e, não importava o que fizessem, não conseguiam chegar a um único átomo do 116. Ocorreu que um dos "descobridores" tinha inventado os dados, levando uma agência governamental norte-americana a fazer um desmentido embaraçoso quanto a declarações a respeito da ciência de alto nível que estava financiando. O artigo foi recolhido e os louros pela descoberta do livermório foram para um grupo russo um ano mais tarde. Os cientistas que falsificaram os dados originais foram demitidos. Hoje em dia, o prestígio associado à descoberta de um novo elemento é tal que cientistas estão dispostos a pôr em jogo toda a sua carreira.

pesados. Mas o número 92, o elemento radioativo urânio, foi realmente o último a ser encontrado na natureza. Embora o decaimento natural do urânio gere o plutônio, as quantidades são ínfimas. O plutônio foi descoberto em um reator nuclear, e outros superpesados são gerados pela colisão de átomos em aceleradores de partículas. A caça ainda não terminou, mas certamente se tornou muito mais complicada do que ferver fluidos corporais.

A ideia condensada:
As substâncias mais simples

03 Isótopos

Isótopos não são apenas substâncias mortíferas usadas para se fazer bombas e envenenar pessoas. O conceito de isótopo abrange muitos elementos químicos que têm uma quota ligeiramente alterada de partículas subatômicas. Os isótopos estão presentes no ar que respiramos e na água que bebemos. Você pode até usá-los (com total segurança) para fazer gelo afundar.

Gelo flutua. Exceto quando não flutua. Assim como átomos de um único elemento são iguais, exceto quando são diferentes. Se tomarmos o elemento mais simples, o hidrogênio, podemos concordar que todos os átomos desse elemento têm um próton e um elétron. Você não pode chamar um átomo de hidrogênio de átomo de hidrogênio a não ser que ele só tenha um próton no núcleo. Mas e se o único próton for acompanhado de um nêutron? Ainda assim seria hidrogênio?

Os nêutrons eram a peça do enigma que estava faltando e que escapava aos químicos e físicos até os anos 1930 (ver "Os nêutrons desaparecidos", a seguir). Essas partículas neutras não fazem qualquer diferença no equilíbrio geral da carga de um átomo, mas alteram radicalmente a sua massa. A diferença entre um e dois nêutrons no núcleo de um átomo de hidrogênio é suficiente para fazer o gelo afundar.

Água pesada A introdução de um nêutron a mais num átomo de hidrogênio faz uma grande diferença para esses átomos peso-mosca, é o dobro da quota de núcleons deles. O "hidrogênio pesado" resultante é chamado de deutério (D ou ^2H) e, exatamente como fazem os átomos normais de hidrogênio, os átomos de deutério se agarram ao oxigênio para formar água. É claro que não formam água normal (H_2O). Formam água com nêutrons a mais: "água pesada" (D_2O), ou, para dar o nome apropriado, óxido de deutério. Pegue água pesada – comprada facilmente on-line – e a congele numa forma de gelo. Jogue um cubo num copo de água comum e, olhe só, ele afunda! A título de comparação, você pode acrescentar um cubo de gelo

linha do tempo

1500	1896	1920
Alquimistas tentam "transmutar" substâncias em metais preciosos	Primeiro uso de radiação no tratamento de câncer	Descrições iniciais de "dupletos neutros" (nêutrons) por Ernest Rutherford

Os nêutrons perdidos

A descoberta de nêutrons pelo físico James Chadwick – que continuou trabalhando na bomba atômica – solucionou um problema incômodo com o peso dos elementos. Durante anos, tinha ficado aparente que os átomos de cada elemento eram mais pesados do que deviam. Do ponto de vista de Chadwick, os núcleos atômicos não poderiam de jeito algum pesar tanto quanto pesavam se tivessem apenas prótons. Era como se os elementos tivessem ido para suas férias de verão com a bagagem cheia de tijolos. Só que ninguém conseguia encontrar os tijolos. Chadwick tinha sido convencido por seu supervisor, Ernest Rutherford, que os átomos estavam contrabandeando partículas subatômicas. Rutherford descreveu essas duplicatas neutras, ou nêutrons, em 1920. Mas foi só em 1932 que Chadwick encontrou provas concretas para apoiar a teoria. Ele descobriu que, ao bombardear o metal prateado berílio com radiação do polônio, ele conseguia emitir partículas subatômicas de carga neutra – os nêutrons.

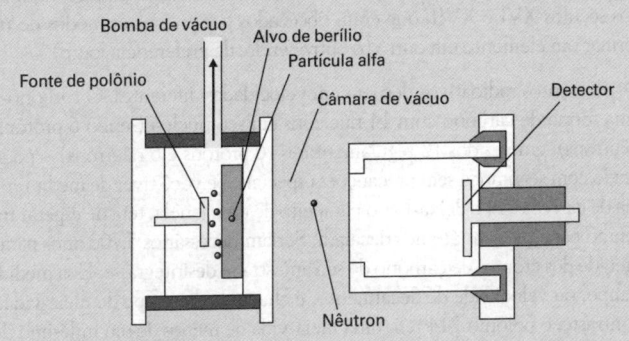

A reação que expele os nêutrons (n) do alvo de berílio é: $^4_2He + ^9_4Be \longrightarrow\ ^1_0n + ^{12}_6C$

comum e se maravilhar com a diferença que faz uma partícula subatômica por átomo.

Na natureza, cerca de um em cada 6.400 átomos de hidrogênio tem um nêutron a mais. Há, no entanto, um terceiro tipo – ou isótopo – do hidrogênio, e esse é muito mais raro e um tanto menos seguro para se manusear em casa. O trítio é um isótopo do hidrogênio no qual cada átomo contém um próton

---

1932
James Chadwick descobre o nêutron

1960
Prêmio Nobel de Química concedido a Willard Libby pela datação usando carbono-14

2006
Alexander Litvinenko morre envenenado por polônio radioativo

e dois nêutrons. O trítio é instável, no entanto, e como outros elementos radiativos, ele sofre decaimento radioativo. É usado no mecanismo que detona as bombas de hidrogênio.

Radioatividade Frequentemente a palavra "isótopo" é precedida da palavra "radioativo", de maneira que pode haver uma tendência a se supor que todos os isótopos são radioativos. Não são. Como acabamos de ver, é perfeitamente possível ter um isótopo de hidrogênio que não é radioativo – em outras palavras, um isótopo estável. Do mesmo modo, há isótopos estáveis de carbono, de oxigênio e de outros elementos na natureza.

Instáveis, os isótopos radioativos decaem, significando que seus átomos se desintegram, liberando matéria do núcleo sob a forma de prótons, nêutrons e elétrons (ver "Tipos de radiação", abaixo). O resultado é que o número atômico desses elementos se modifica e eles podem se transformar em elementos inteiramente diferentes. Isso poderia ter parecido mágica para os alquimistas dos séculos XVI e XVII, que eram obcecados por encontrar modos de transformar um elemento em outro (o outro sendo, de preferência, ouro).

Os elementos radioativos decaem em velocidades diferentes. O carbono-14 – uma forma de carbono com 14 núcleons em seu núcleo (sendo 6 prótons e 8 nêutrons), em vez dos 12 regulamentares (6 prótons e 6 nêutrons) – pode ser usado com segurança sem precauções especiais. Se você tiver de medir um grama de carbono-14 e deixá-lo no parapeito de uma janela, terá de esperar muito tempo para que seus átomos decaiam. Seriam necessários 5.700 anos para que metade dos átomos de carbono de sua amostra se desintegrasse. Essa medida de tempo, ou velocidade de decaimento, é chamada de tempo de meia-vida. Em contraste, o polônio-214 tem uma meia-vida de menos de um milésimo de segundo, significando que, em algum mundo paralelo maluco onde você pudesse medir um grama de polônio radioativo, você sequer teria a chance de levá-lo ao parapeito da janela antes que ele todo tivesse decaído perigosamente.

O ex-espião russo Alexander Litvinenko e, possivelmente, o líder palestino Yasser Arafat, foram mortos com um isótopo do polônio mais estável, que decai ao longo de dias em vez de segundos, embora de modo fatal. No corpo humano, a radiação liberada pela desintegração do núcleo do polônio-210 dilacera as células e provoca dores, enjoo e falência do sistema imunológico no processo. Em investigações desses casos, os cientistas procuraram produtos do decaimento do

Tipos de radiação

A radiação alfa, consistindo de dois prótons e dois nêutrons, é equivalente a um núcleo atômico de hélio. Ela é fraca e pode ser bloqueada por uma folha de papel. A radiação beta é constituída de elétrons rápidos e penetra a pele. A radiação gama é energia eletromagnética, como a luz, e só pode ser bloqueada por uma placa de chumbo. Os efeitos da radiação gama são muito nocivos; raios gama de alta energia são usados para destruir tumores cancerosos.

polônio, porque o polônio-210 propriamente dito já não estava mais presente.

De volta para o futuro Os isótopos radioativos podem ser mortais, mas também podem ajudar a compreender nosso passado. O carbono-14 que deixamos decaindo lentamente no parapeito da nossa janela tem alguns usos científicos bem conhecidos – um deles é a datação de fósseis pelo isótopo do carbono, o outro é aprender a respeito de climas passados. Como temos uma boa ideia de quanto tempo os isótopos radioativos levam para decair, os cientistas conseguem calcular a idade de artefatos, animais mortos ou atmosferas antigas preservadas em gelo, analisando os níveis de diferentes isótopos. Naturalmente, qualquer animal irá inalar pequenas quantidades de carbono-14 – no dióxido de carbono – durante a vida. Isso cessa assim que o animal morre, e o carbono-14 dentro dele começa a decair. Como os cientistas sabem que o carbono-14 tem uma meia-vida de 5.700 anos, eles podem calcular quando os animais fossilizados morreram.

> **"Raramente uma única descoberta em química teve um impacto tão grande sobre o pensamento em tantos campos do empreendimento humano."**
>
> Professor A. Westgren, apresentando o Prêmio Nobel de Química pela datação por carbono-14 a Willard Libby

Quando amostras de gelo são recolhidas de calotas glaciais ou de geleiras que foram congeladas há milhares de anos, elas já fornecem uma linha do tempo das mudanças atmosféricas, baseada nos isótopos que contêm. Essa compreensão do passado do nosso planeta pode nos ajudar a predizer o que acontecerá com a Terra no futuro, já que os níveis de dióxido de carbono continuam a variar.

A ideia condensada:
A diferença que um nêutron faz

04 Compostos

Em química, há substâncias que contêm apenas um elemento e há as que contêm mais de um – os compostos. E é quando elementos são reunidos que a extraordinária diversidade da química se torna aparente. É difícil estimar quantos compostos químicos existem e, com novos compostos sendo sintetizados todos os anos, seus usos se multiplicam.

Em ciência, ocasionalmente alguém faz uma descoberta que contradiz o que todo mundo acreditava ser uma lei fundamental. Durante algum tempo, as pessoas coçam a cabeça e imaginam se houve algum engano ou se os dados foram falsificados. Então, quando as provas finalmente se tornam irrefutáveis, os compêndios têm de ser reescritos e abre-se uma direção inteiramente nova para a pesquisa científica. Foi o que aconteceu quando Neil Bartlett descobriu um novo composto em 1962.

Trabalhando até mais tarde numa sexta-feira, Bartlett estava sozinho em seu laboratório quando fez a descoberta. Ele deixou que dois gases – xenônio e hexafluoreto de platina – se misturassem e produzissem um sólido amarelo. Eis que Bartlett tinha criado um composto do xenônio. Nada surpreendente, você pode achar, mas, na época, a maior parte da comunidade científica acreditava que o xenônio, como os demais gases nobres (ver página 12), era completamente inerte e incapaz de formar compostos. A nova substância recebeu o nome de hexafluorplatinato, e o trabalho de Bartlett logo convenceu outros cientistas a começar a busca de novos compostos de gases nobres. Ao longo das décadas seguintes pelo menos outros cem compostos foram encontrados. Desde então, compostos formados por elementos nobres têm sido usados para fazer agentes antitumorais e na cirurgia a *laser* dos olhos.

Associando-se O composto de Bartlett pode ter sido uma reviravolta para os livros, mas a sua história não é apenas um ótimo exemplo de descoberta científica derrubando alguma "verdade" amplamente considerada. É

linha do tempo

1718	Início dos anos 1800	1808
A "tabela de afinidade", que mostra como as substâncias se combinam, foi desenvolvida por Étienne François Geoffroy	Claude-Louis Berthollet e Joseph-Louis Proust debatem as proporções nas quais os elementos se combinam	A teoria da química atômica de John Dalton confirma que os elementos se combinam em proporções fixas

também um lembrete para o fato de que elementos (especialmente os inertes) não são assim tão úteis sozinhos. Claro, há aplicações para eles – luzes de neon, anestesia com nanotubos de carbono e xenônio, só para citar algumas –, mas é só tentando novas combinações de elementos, e algumas vezes muito complicadas, que os químicos conseguem produzir remédios que salvam vidas e materiais de ponta.

É necessária a associação de um elemento com outro, e talvez outro, e outro, para criar os compostos úteis que formam a base de praticamente todos os produtos modernos, de combustíveis, tecidos e fertilizantes a pigmentos, drogas e detergentes. Dificilmente haverá qualquer coisa em sua casa que não seja feita de compostos – a não ser que, como a grafite de carbono do lápis, seja feita de um único elemento. Mesmo coisas que cresceram ou se formaram por si mesmas, como madeira e água, são compostos. Na verdade, elas são provavelmente ainda mais complicadas.

Compostos e misturas No entanto, é necessário fazer algumas diferenciações importantes ao falarmos de compostos. Os compostos são substâncias químicas que contêm dois ou mais elementos.

Compostos ou moléculas?

Todas as moléculas contêm mais de um átomo. Esses átomos podem ser átomos do mesmo elemento, como no O_2, ou átomos de elementos diferentes, como no CO_2. Mas entre o O_2 e o CO_2, só o CO_2 é um composto, porque ele contém átomos de elementos diferentes ligados quimicamente. Portanto, nem todas as moléculas são compostos. Mas será que todos os compostos são moléculas? O que ainda confunde mais as coisas são os íons (ver "Íons", página 21). Na realidade, os compostos cujos átomos formam íons carregados não formam moléculas no sentido tradicional. No sal, por exemplo, um monte de íons de sódio (Na^+) são ligados a um monte de íons de cloro (Cl^-) em uma grande estrutura cristalina bem arrumada e que se repete indefinidamente. Então, não há realmente "moléculas" independentes de cloreto de sódio no sentido mais restrito. Aqui a fórmula química, NaCl, mostra a proporção de íons de sódio para íons de cloro, em vez de se referir a uma molécula isolada. Por outro lado, os químicos falam alegre e livremente de "moléculas de cloreto de sódio" (NaCl).

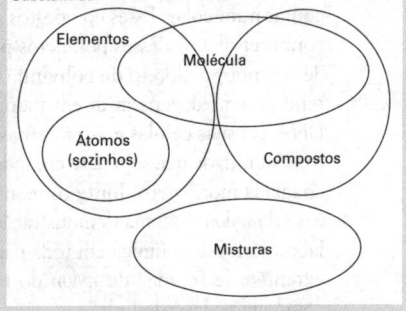

Substâncias
- Elementos
- Molécula
- Átomos (sozinhos)
- Compostos
- Misturas

1833
Os "íons" são definidos por Michael Faraday e William Whewell

1962
Neil Bartlett demonstra que gases nobres podem formar compostos

2005
Estimativa da quantidade de compostos com 11 átomos contendo apenas C, N, O e F

> **Tentei encontrar alguém com quem compartilhar a descoberta empolgante, mas parecia que todo mundo tinha ido jantar.**
>
> Neil Bartlett

Mas simplesmente grudar dois, ou dez, elementos presentes num mesmo ambiente não faz deles um composto. Os átomos desses elementos têm de se associar – eles têm de formar ligações químicas (ver página 23). Sem ligação química, o que você vai ter é uma espécie de grupo misturado numa festa, envolvendo átomos de diferentes elementos – o que os químicos chamam de mistura. Átomos de alguns elementos também se associam com outros do mesmo tipo, como o oxigênio no ar, que existe principalmente como O_2, um dupleto [composto de dois elementos, binário]. Os dois átomos de oxigênio formam uma molécula de oxigênio. Mas essa molécula de oxigênio não é um composto, porque contém apenas um tipo de elemento.

Os compostos, então, são substâncias que contêm mais de um tipo de elemento químico. A água é um composto porque contém dois elementos químicos – hidrogênio e oxigênio. É também uma molécula, porque contém mais de um átomo. A maior parte dos materiais modernos e produtos comerciais também são compostos feitos de moléculas. Mas nem todas as moléculas são compostos, e é discutível se todos os compostos são moléculas (ver "Compostos ou moléculas?", página 19).

Polímeros Alguns compostos são compostos dentro de compostos – são feitos de unidades básicas repetidas várias vezes, produzindo um efeito de contas num colar. Esses compostos são chamados polímeros. Você pode reconhecer alguns desses polímeros pelo nome: o polietileno de suas sacolas de compras, o cloreto de polivinil (PVC) dos discos de "vinil" e o poliestireno de embalagens já dizem tudo. Menos evidentes, o *nylon* e a seda, o DNA em suas células e as proteínas em seus músculos são também polímeros. A unidade que se repete em todos os polímeros, naturais ou artificiais, é chamada monômero. Junte os monômeros e você obtém um polímero. No caso do *nylon*, há uma demonstração impressionante feita em béqueres nos laboratórios de química em toda parte – você pode literalmente puxar uma extensão de "corda" de *nylon* do béquer e enrolá-la direto num carretel, como um pedaço de linha.

Biopolímeros Os biopolímeros, como o DNA (ver página 142), são tão complexos que foram necessários milhões de anos de evolução para que a natureza aperfeiçoasse a arte de os formar. Os monômeros, ou os "compostos dentro do composto", são ácidos nucleicos, substâncias químicas por si sós bastante complexas. Unidas, elas formam as longas fileiras de polímeros que compõem o nosso código do DNA. Para unir os monômeros do DNA, a natureza usa uma enzima especial para acrescentar a conta individual ao colar. É incrível pensar que a evolução encontrou um meio de fabricar compostos de tal complexidade dentro de nosso próprio corpo.

Exatamente quantos compostos existem? A resposta honesta é que não sabemos. Em 2005, cientistas suíços tentaram estimar quantos compostos contendo apenas carbono, nitrogênio, oxigênio ou flúor seriam realmente estáveis. Eles calcularam perto de 14 bilhões, mas isso incluindo somente compostos com até 11 átomos. O "universo químico" – como eles o chamaram – é verdadeiramente vasto.

> **Íons**
>
> Quando um átomo ganha ou perde um elétron carregado negativamente, essa mudança no equilíbrio da carga faz que o átomo como um todo fique carregado. Esse átomo carregado é chamado de íon. A mesma coisa pode acontecer com moléculas, que formam íons "poliatômicos" – um íon de nitrato (NO_3^-) ou um íon de silicato (SiO_4^{4-}), por exemplo. A ligação iônica de íons de cargas opostas é um modo importante de unir substâncias.

A ideia condensada:
Combinações químicas

05 Juntando tudo

Como o sal se aglomera? Por que a água ferve a 100 graus centígrados? E, o mais importante, por que um pedaço de metal parece uma comunidade hippie? Todas essas perguntas, e mais outras, são respondidas prestando-se atenção nos minúsculos elétrons carregados negativamente que se movem entre os átomos e em torno deles.

Átomos se aglomeram. O que aconteceria se não o fizessem? Bom, para começar, o Universo seria uma total bagunça. Sem as ligações e as forças que mantêm juntos os materiais, nada existiria do modo como conhecemos. Todos os átomos que constituem seu corpo, pombos, moscas, televisões, flocos de milho, o Sol e a Terra estariam boiando por aí em um vasto mar de átomos quase infinito. Então, como os átomos se grudam uns aos outros?

Pensamento negativo   De um jeito ou de outro, os átomos, dentro de suas moléculas e compostos, são unidos por seus elétrons – as minúsculas partículas subatômicas que formam uma nuvem de carga negativa em torno do núcleo do átomo, carregado positivamente. Eles estão ordenados em camadas, ou cascas, em torno do núcleo atômico e, tendo cada elemento um número de elétrons diferente, cada elemento tem um número diferente de elétrons na sua camada mais externa. O fato de que um átomo de sódio tem uma nuvem de elétrons que parece ligeiramente diferente da nuvem de elétrons de um átomo de cloro resulta em um efeito interessante, no entanto. Na realidade, é o motivo pelo qual eles conseguem se ligar um ao outro. O sódio perde facilmente o elétron em sua camada exterior. A perda da carga negativa o torna positivo (Na^+). Enquanto isso, o cloro facilmente ganha um elétron carregado negativamente para preencher sua camada exterior, tornando-se, no geral, negativamente carregado (Cl^-). Os opostos se atraem e, *voilà*, você tem uma ligação química. E um pouco de sal – cloreto de sódio (NaCl).

Situações vivas   Há três tipos principais de ligações químicas. Vamos começar com a ligação covalente, em que cada molécula dentro de um compos-

linha do tempo

1819	1873	1912
Jöns Berzelius sugere que as ligações químicas se devem a atrações eletrostáticas	Johannes Diderick van der Waals escreve equação explicando as forças intermoleculares nos gases e nos líquidos	Tom Moore e Thomas Winmill desenvolvem o conceito de ligação hidrogênio, mais tarde creditado a Linus Pauling

Ligações simples, duplas e triplas

Para simplificar, cada ligação covalente é um par de elétrons compartilhado. O número de elétrons que um átomo tem de compartilhar é em geral o mesmo que o número em sua camada exterior. Então, por exemplo, como o dióxido de carbono tem quatro elétrons para compartilhar, ele pode formar até quatro pares compartilhados, ou quatro ligações. Essa ideia de o carbono formar quatro ligações é importante na estrutura de quase todos os compostos orgânicos (que contêm carbono), nos quais os esqueletos de carbono são decorados com outros tipos de átomos – em moléculas orgânicas de cadeia longa, por exemplo, os átomos de carbono compartilham seus elétrons uns com os outros e também, muitas vezes, com átomos de hidrogênio. Mas, algumas vezes, os átomos compartilham mais do que um par com outro átomo. Então, você pode ter uma dupla ligação carbono-carbono ou uma dupla ligação carbono-oxigênio. Você pode ter até triplas ligações, em que os átomos compartilham três pares de elétrons, embora nem todos os átomos tenham três elétrons para compartilhar. O hidrogênio, por exemplo, só tem um.

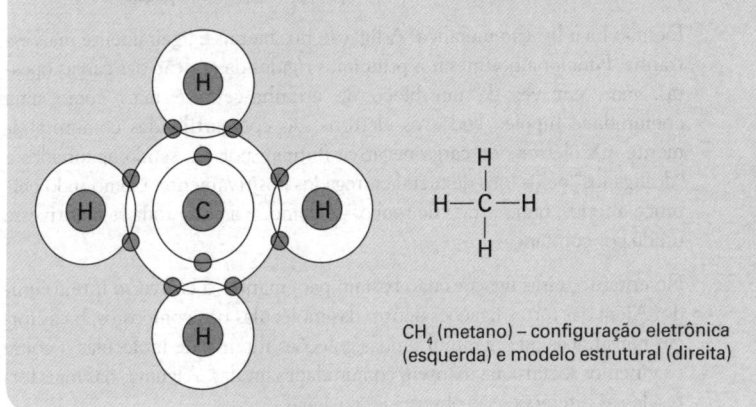

CH_4 (metano) – configuração eletrônica (esquerda) e modelo estrutural (direita)

to é uma família de átomos que compartilham alguns elétrons (ver "Ligações simples, duplas e triplas", acima). Esses elétrons só são compartilhados entre membros da mesma molécula. Pense nisso como uma situação viva: cada molécula, ou família, mora em uma bela casa isolada, cuidando de suas coisas e ficando na dela. É assim que vivem moléculas como dióxido de carbono, água e amônia (o composto fedorento usado em fertilizantes).

1939
Publicado o livro *A natureza das ligações químicas*, de Linus Pauling

1954
Pauling recebe o Prêmio Nobel de Química por seu trabalho com ligações químicas

2012
Químicos quânticos propõem uma nova ligação química que ocorre em campos magnéticos muito fortes, como nas estrelas anãs

> **"Acabo de voltar de umas curtas férias para as quais os únicos livros que levei foram meia dúzia de histórias de detetive e seu *A natureza da ligação química*. Achei o seu o mais empolgante de todos."**
>
> Gilbert Lewis, químico norte-americano, escrevendo a Linus Pauling (1939)

As ligações iônicas, por sua vez, funcionam pelo modelo de ligação de "atração dos opostos", como o cloreto de sódio no exemplo anterior, do sal. Esse tipo de ligação é mais como morar num prédio de apartamentos, em que cada ocupante tem vizinhos dos dois lados, bem como em cima e embaixo. Não há casas separadas – é apenas um grande bloco vertical de apartamentos. Os ocupantes, na maior parte, cuidam de suas próprias coisas, mas vizinhos próximos doam e recebem elétrons uns dos outros. Isso é o que os liga – em compostos com ligações iônicas, os átomos se unem porque existem como íons de cargas opostas (ver "Íons", página 21).

E então há a ligação metálica. A ligação nos metais é ligeiramente mais estranha. Funciona nos mesmos princípios rígidos da atração das cargas opostas, mas, em vez de um bloco de arranha-céus, é mais como uma comunidade hippie. Todos os elétrons são compartilhados comunitariamente. Os elétrons de carga negativa flutuam por ali, sendo apanhados e "desligados" pelos íons de metal carregados positivamente. Como tudo pertence a todos, não se trata de roubo – é como se a coisa toda se mantivesse unida por confiança.

No entanto, essas ligações não bastam para manter o Universo inteiro unido. Além das fortes ligações dentro das moléculas nos compostos, há as forças mais fracas que mantêm unidas coleções inteiras de moléculas – como os vínculos sociais que mantêm comunidades unidas. Algumas das mais fortes dessas interações são observadas na água.

Porque a água é especial Você pode nunca ter pensado nisso, mas o fato de que a água na sua chaleira ferve a 100 graus centígrados é bastante estranho. A temperatura de ebulição da água é muito mais alta do que esperaríamos para alguma coisa composta de hidrogênio e oxigênio. Podemos supor razoavelmente a partir de um estudo da Tabela Periódica (ver páginas 206-7) que o oxigênio se comportaria de maneira semelhante à de outros elementos ocupantes da mesma coluna. Entretanto, se você produzisse compostos de hidrogênio com os três elementos abaixo do oxigênio, certamente não conseguiria fazer uma coisa tão simples como fervê-los numa chaleira. Isso porque os três fervem em temperaturas abaixo de zero grau (centígrado), o que significa que são gases quando estão à temperatura da sua cozinha. Abaixo de zero, a água ainda é gelo. Então, por que um composto de oxigênio e hidrogênio permanece líquido a uma temperatura tão alta?

A resposta está nas forças que mantêm unidas as moléculas da água como um grupo, evitando que fujam tão logo sintam um pouco de calor. Essas chamadas "ligações de hidrogênio" se formam entre os átomos de hidrogênio em uma molécula e os átomos de oxigênio em outra. Como? Mais uma vez, voltamos aos elétrons. Em uma molécula de água, os dois hidrogênios encontram-se na cama com o oxigênio, que pega todas as cobertas – os elétrons carregados negativamente – para si. As cargas agora parcialmente positivas dos hidrogênios descobertos indicam que elas vão ser atraídas pelos oxigênios ladrões de cobertas de outras moléculas de água, que são mais negativas. Como cada molécula de água tem dois hidrogênios, ela pode formar duas dessas ligações de hidrogênio com outras moléculas de água. As mesmas forças de aderência ajudam a explicar a estrutura entrelaçada do gelo e a tensão na superfície de um lago que permite que um inseto deslize sobre ele.

> ### Van der Waals
>
> As forças de Van der Waals, batizadas em homenagem ao físico holandês, são forças muito fracas entre todos os átomos. Elas existem porque até em átomos e moléculas estáveis os elétrons se deslocam um pouco, mudando a distribuição de carga. Isso significa que uma parte carregada negativamente de uma molécula pode, temporariamente, atrair uma parte carregada positivamente de outra. Separações de carga mais permanentes ocorrem em moléculas "polares", como a água, permitindo atrações ligeiramente mais fortes. A ligação de hidrogênio é um caso especial desse tipo de atração, formando ligações intermoleculares particularmente fortes.

A ideia condensada: Compartilhamento de elétrons

06 Mudança de fases

Poucas coisas permanecem iguais. Os químicos falam de transições entre diferentes fases da matéria, mas isso, na verdade, é apenas um jeito caprichoso de dizer que as substâncias mudam. A matéria pode adotar múltiplas formas – além dos estados sólido, líquido e gasoso cotidianos, há algumas fases menos comuns da matéria.

Pense no que acontece se você deixa algumas barras de chocolate no bolso num dia quente. Você pode tirá-las do bolso e deixá-las num lugar fresco para endurecerem outra vez, mas o gosto não será mais exatamente o mesmo. Por quê? A resposta está no conhecimento da diferença entre o chocolate original e o chocolate novamente endurecido. Primeiramente vamos ter de voltar às aulas de ciências na escola.

Sólidos, líquidos e gases... e plasma A maior parte das pessoas já ouviu dizer que a matéria tem três fases: sólida, líquida e gasosa. Lembra-se de quando aprendeu isso na escola? Você provavelmente se lembra delas como "estados". Um exemplo básico da mudança de estado de uma substância é o congelamento e o degelo da água – mudança entre um estado sólido e um líquido. Muitas outras substâncias também derretem, passando de sólido para líquido, e os químicos chamam isso de fusão térmica. Os diferentes estados são muitas vezes explicados pela agitação dos átomos ou das moléculas na substância. Num sólido, eles estão abarrotados, como pessoas num elevador lotado, enquanto num líquido as moléculas circulam e se movimentam em torno umas das outras mais livremente. No estado gasoso, as partículas estão mais espalhadas e não têm limites fixos – é como se as portas do elevador se abrissem e os passageiros se espalhassem em direções diferentes.

Esses três estados da matéria marcam os limites do conhecimento de muita gente, mas há muitos outros, de algum modo, mais esotéricos e talvez menos

linha do tempo

1832	1835	1888
Primeiro uso dos pontos de fusão para caracterizar compostos orgânicos	Adrien-Jean-Pierre Thilorier publica a primeira observação do gelo-seco	Cristais líquidos são descobertos por Friedrich Reinitzer

conhecidos. Para começar, há o aparentemente futurístico plasma. Nesse estado semelhante ao gasoso – usado nas telas de tevê de plasma, por exemplo – os elétrons se soltaram e as partículas de matéria ficaram carregadas. O que há de diferente aqui, para continuar com a analogia, é que, quando as portas do elevador se abrem, todos saem ao mesmo tempo, de maneira mais ordenada. Como as partículas estão carregadas, o plasma flui em vez de quicar por toda parte. Cristais líquidos – usados em tevê LCD – são ainda outro estado estranho da matéria (ver "Cristais líquidos", página 28).

> **Desliza rapidamente sobre uma superfície polida, como se fosse suspenso pela atmosfera gasosa que o rodeia constantemente, até que desaparece por inteiro.**
>
> Adrien-Jean-Pierre Thilorier, químico francês ao falar sobre sua primeira observação do gelo-seco

Mais do que quatro Quatro estados, ou fases, podem ser suficientes para entendermos muitas das mudanças que observamos diariamente nas substâncias. Podem até explicar algumas menos corriqueiras. Por exemplo, as máquinas de fumaça usadas em teatros e boates, que criam nuvens muito densas de fumaça ou nevoeiro, estão usando "gelo-seco", que é dióxido de carbono (CO_2) congelado ou sólido. Quando essa substância entra em contato com a água quente, acontece algo bastante incomum: ela passa direto de sólida para gás, sem passar pela fase líquida. (Esse, incidentemente, é o motivo pelo qual é chamado de gelo-seco). A mudança da fase sólida para a gasosa é denominada sublimação. Assim que isso acontece, as bolhas de gás, ainda frias, condensam o vapor de água no ar, produzindo um nevoeiro.

Quatro fases, no entanto, ainda não explicam a questão apresentada anteriormente: Por que o mesmo chocolate fica com gosto diferente apenas porque derreteu e depois se solidificou? Ainda é um sólido, afinal de contas. Mas isso ocorre porque há mais fases do que os três ou quatro estados clássicos conseguem abarcar. Inúmeras substâncias têm múltiplas fases dentro do estado sólido, e muitas dessas formas sólidas são constituídas de cristais. A manteiga de cacau no chocolate, na verdade, é cristalina, e são as diferenças na formação de seus cristais que determinam a fase em que o produto está.

1928
O termo "plasma" é cunhado por Irving Langmuir

1964
Primeiras telas de cristal líquido em funcionamento

2013
Previsão de nova fase da água presente em planetas "gigantes gelados"

Cristais líquidos

A maioria de nós já ouviu falar do estado de cristal líquido por causa de sua aplicação em telas de cristal líquido (LCD) usadas nos dispositivos eletrônicos modernos. Muitos materiais diferentes exibem esse estado, e não apenas os componentes de sua TV – os cromossomos em suas células também podem ser considerados líquidos cristalinos. Como o termo sugere, o estado de cristal líquido fica mais ou menos entre um cristal líquido e um cristal sólido. As moléculas, que em geral têm o formato de um bastão, estão aleatoriamente dispostas em uma direção (como num líquido), mas regularmente compactadas (como num cristal) em outra. Isso acontece porque as forças que mantêm as moléculas unidas são mais fracas numa direção do que em outra. As moléculas nos cristais líquidos formam camadas que podem deslizar umas sobre as outras. Mesmo entre as camadas, as moléculas dispostas aleatoriamente ainda se movem. É essa combinação de movimento e arranjo regular que faz os cristais se comportarem como líquidos. Em telas de LCD, a posição das moléculas e o espaço entre elas afetam o modo como elas refletem a luz e a cor que vemos. Com o uso da eletricidade para afetar as posições das moléculas de cristal líquido "ensanduichadas" no meio do vidro, podemos criar padrões e imagens em uma tela.

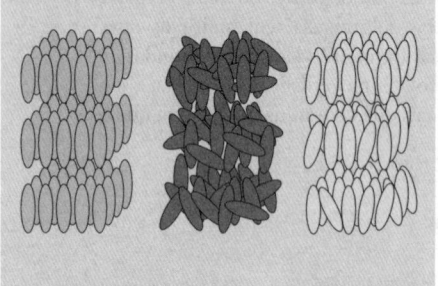

Cristal sólido   Líquido   Cristal líquido

Seis tipos de chocolate Finalmente, então, estamos prontos para atacar o gostoso tema do chocolate. A essa altura você pode ter começado a pensar que talvez o chocolate seja um tanto mais complicado do que parece. O principal ingrediente, a manteiga de cacau, é constituído de moléculas chamadas triacilgliceróis (triglicerídeos), mas para simplificar as coisas vamos nos referir a elas apenas como "manteiga de cacau". A manteiga de cacau cristaliza sob não menos do que seis formas diferentes, ou polimorfas, sendo que todas têm estruturas distintas e derretem em diferentes temperaturas. Toda vez que derretemos o chocolate e depois o deixamos endurecer outra vez obtemos um polimorfo diferente, cada qual com um gosto específico.

Mesmo que você deixe seu chocolate à temperatura ambiente, ele vai mudar, lenta, mas seguramente, para uma forma distinta – o polimorfo mais estável. Os químicos chamam essa mudança de transição de fase, e isso explica por que você algumas vezes desembrulha uma barra de chocolate que estava guardada havia alguns meses e descobre que ela parece doente. A parte esbranquiçada não faz mal algum. É apenas o polimorfo VI. Em um certo sentido, toda manteiga de cacau "quer" ser polimorfo VI, porque é a forma mais estável. Mas o gosto não é tão bom. Para evitar a lenta transição para VI você pode tentar manter seu chocolate numa temperatura mais baixa – na geladeira, por exemplo.

A capacidade de manipular as diferentes formas de chocolate é evidentemente de grande interesse para a indústria alimentícia, e só nos últimos anos foram levados a efeito alguns estudos muito sofisticados sobre os polimorfos do chocolate. Em 1998, a fabricante de chocolates Cadbury empregou um acelerador de partículas para sondar os segredos do chocolate saboroso, usando esse equipamento para descobrir as diferentes formas do cristal de manteiga de cacau e como fazer a melhor preparação, que derreta na boca.

> **Novas fases**
>
> Substâncias podem existir em múltiplas fases, e há até fases que ainda não foram descobertas. Parece que os cientistas estão constantemente encontrando novas fases da água (ver página 118). Em 2013, um artigo publicado no periódico científico *Physical Review Letters* anunciou um novo tipo de gelo superestável "superiônico" que, se prevê, esteja presente em grande quantidade no núcleo dos planetas gigantes gelados, como Urano e Netuno.

A deliciosa forma brilhante que todos nós queremos comer é o polimorfo V, mas conseguir que uma placa inteira cristalize na forma V não é fácil. Exige um processo altamente controlado de derretimento e esfriamento em temperaturas específicas a fim de se conseguir que os cristais se formem do modo correto. O mais importante, claro, é que você tem de comê-lo antes que mude de fase outra vez. Então, meninos e meninas, vocês têm uma ótima desculpa para comer todos os seus ovos de chocolate no próprio Domingo de Páscoa.

A ideia condensada: Não apenas sólidos, líquidos e gases

07 Energia

A energia é como um tipo de ser supernatural: poderosa, mas impossível de se conhecer. Embora possamos testemunhar seus efeitos, ela nunca se revela sob sua forma verdadeira. No século XIX, James Joule lançou os fundamentos para uma das leis mais fundamentais na ciência. Essa lei comanda as mudanças de energia que ocorrem em cada reação química.

Se você estivesse participando de um jogo de adivinhações e tivesse de apresentar uma mímica para energia, qual seria? É um enigma, porque defini-la é muito difícil. É combustível, é alimento, é calor, é o que você retira de painéis solares; é uma mola espiralada, uma folha caindo, uma vela tremulando ou um ímã, um raio e o som de uma guitarra espanhola. Se energia pode ser tudo isso, então, qual é a sua essência?

O que é energia? Todas as coisas vivas usam energia para construir seu corpo e crescer, e, em alguns casos, para se locomover. Os seres humanos parecem ser viciados na coisa – aproveitando grandes quantidades dela para a iluminação dos lares, como combustível da tecnologia, e para levar força às fábricas. Entretanto, energia não é uma substância que possamos reconhecer; não a podemos ver ou pôr as mãos nela. É intangível. Sempre tivemos consciência de seus efeitos, mesmo que vagamente, mas foi só a partir do século XIX que soubemos de fato que ela existia. Antes do trabalho do físico inglês James Prescott Joule, tínhamos apenas uma ideia confusa do que a energia realmente era.

Joule era filho de um cervejeiro. Ele foi educado em casa e fez muitas de suas experiências no porão da cervejaria de sua família. Interessava-se pela relação entre calor e movimento – tão interessado estava que levou consigo seus termômetros (e William Thomson) em sua lua de mel, para estudar as diferenças de temperatura entre o topo e o fundo de uma cachoeira nas imediações! Joule teve problemas para publicar seus artigos, mas graças a alguns amigos famosos – nada menos que o pioneiro da eletricidade Michael Faraday – ele acabou

linha do tempo

1807	1840	1845
O termo "energia" é cunhado por Thomas Young	A Lei de Joule relaciona calor à corrente elétrica	Primeiro relato de Joule sobre as experiências com a roda de pás é apresentado em *Sobre o equivalente mecânico do calor*

por conseguir que notassem seu trabalho. Sua ideia-chave era essencialmente esta: calor é movimento.

Calor é movimento? Numa primeira leitura, essa observação pode não fazer muito sentido. Mas pense nisto: por que você esfrega as mãos para aquecê-las num dia frio? Por que os pneus de um veículo em movimento ficam quentes? O artigo de Joule *Sobre o equivalente mecânico do calor* (*On the mechanical equivalent of heat*), publicado no dia de Ano-Novo em 1850, fazia o mesmo tipo de indagação. Nesse texto ele observou que o mar fica quente após dias de tempo tempestuoso, e detalhou sua própria tentativa de replicar o efeito, usando uma roda com pás. Ao fazer medições exatas da temperatura usando seus termômetros confiáveis, ele mostrou que o movimento pode ser convertido em calor.

> ### Trabalho
> Embora energia seja muito difícil de definir, pode ser pensada como a capacidade de produzir calor ou "executar trabalho". Admito que isso parece um tanto ambíguo. Executar trabalho? Que trabalho? Trabalho é, na realidade, um conceito importante em física e em química, relacionado a movimento. Se alguma coisa se move, então há um trabalho sendo feito. Uma reação de combustão, como num motor de carro, libera calor, que faz mover pistões (executando o "trabalho") à medida que os gases se expandem no mecanismo.

Por meio da pesquisa de Joule e do trabalho dos cientistas alemães Rudolf Clausius e Julius Robert von Mayer, aprendemos que força mecânica, calor e eletricidade estão intimamente relacionados. O Joule (J) acabou se tornando uma unidade padrão de medida de "trabalho" (ver "Trabalho", acima) – uma quantidade física que pode ser pensada como energia.

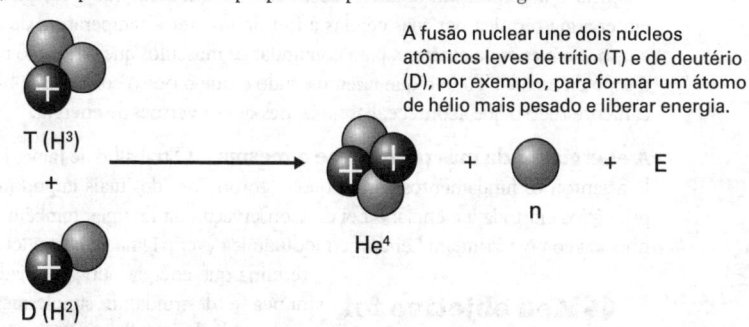

A fusão nuclear une dois núcleos atômicos leves de trítio (T) e de deutério (D), por exemplo, para formar um átomo de hélio mais pesado e liberar energia.

T (H^3) + D (H^2) ⟶ He^4 + n + E

1850
Uma versão ampliada de *Sobre o equivalente mecânico do calor* é publicada na *Philosophical Transactions of the Royal Society of London*

1850
Rudolf Clausius e William Thomson expõem a Primeira e a Segunda Leis da Termodinâmica

1905
A fórmula $E = mc^2$, de Albert Einstein, relaciona a energia (E) à massa (m) e à velocidade da luz (c)

De um ao outro   Hoje reconhecemos muitos tipos diferentes de energia e sabemos que um pode ser convertido no outro. A energia química em carvão ou óleo, por exemplo, é energia armazenada até ser queimada e transformada em energia calorífica para aquecer nossas casas. Desse modo, a conexão que Joule fez entre calor e movimento já não parece tão estranha, uma vez que agora consideramos ambos como tipos de energia. Num nível mais profundo, no entanto, o calor realmente é movimento – o que faz uma panela de água quente ficar quente é o fato de que as moléculas de água energizadas nela estão todas se sacudindo num estado de excitação. O movimento é apenas outro tipo de energia.

Nas substâncias químicas, a energia é armazenada nas ligações entre os átomos. Quando ligações são rompidas, nas reações químicas, há liberação de energia. O processo oposto, a formação de ligações, armazena energia para mais tarde. Do mesmo modo que a energia numa mola espiralada, essa energia é "energia potencial", disponível até ser liberada. Energia potencial é simplesmente energia armazenada em um objeto devido à sua posição. No caso da energia química potencial, isso se refere à posição das ligações. Quando você está no topo de uma escada, sua energia potencial é maior do que quando você está na parte de baixo, e há também energia potencial na água do topo da cachoeira da lua de mel de Joule. Sua energia potencial depende de sua massa – se você se sentar e comer bolos durante um mês e depois voltar ao topo da escada, sua energia potencial será maior.

Até mesmo sentar-se e comer bolo é um exemplo de mudança de energia – o açúcar e a gordura no bolo fornecem energia química, que é convertida em energia térmica por suas células a fim de manter a temperatura do seu corpo, e em energia cinética, para comandar os músculos que o levarão para o topo da escada. Tudo o que fazemos, tudo o que o nosso corpo faz, e basicamente tudo o que acontece, baseia-se nessas conversões de energia.

A energia muda mas permanece a mesma   O trabalho de James Joule assentou os fundamentos para o que se tornou um dos mais importantes princípios em toda a ciência: a Lei da Conservação da Energia, também conhecida como a Primeira Lei da Termodinâmica (ver página 42). Essa lei determina que energia nunca é criada e nunca é destruída. É simplesmente convertida de uma forma para outra – como indicado pela experiência de Joule com a roda de pás. Seja lá o que aconteça nas reações químicas, e em qualquer outro lugar, a quantidade total de energia no Universo deve sempre permanecer a mesma.

> ❝Meu objetivo foi, primeiramente, descobrir os princípios corretos, e depois sugerir seu desenvolvimento prático.❞
>
> **James Prescott Joule,**
> *James Joule: uma biografia*

O que toda energia tem em comum é a capacidade de mudar algo. Agora, se isso lhe diz como imitar energia num jogo de adivinhações, essa é outra questão. Energia é uma roda de pás rodando. É um bolo. É você subindo as escadas, ficando de pé no topo e caindo degraus abaixo. Tente imitar essas coisas. Continua tão confuso como sempre foi.

A ideia condensada:
A capacidade de fazer mudanças

08 Reações químicas

Reações químicas não são apenas as explosões ruidosas que podem encher o ar em um desenho animado sobre o laboratório de um cientista. Elas são também processos cotidianos que se passam discretamente dentro das células das coisas vivas – inclusive nós. Acontecem sem que sequer percebamos. Mesmo assim, todos nós adoramos uma boa explosão ruidosa!

Há, falando de maneira muito ampla, dois tipos de reações químicas. O tipo de reação química grande, relampejante, explosiva – o que quer dizer "afaste-se bem e use óculos de proteção" –, e o tipo de reação silenciosa, "que se arrasta, mal se nota". O tipo "afaste-se" pode chamar sua atenção, mas o "mal se nota" pode ser tão impressionante quanto. (Na verdade, é claro, há uma estonteante variedade de reações químicas diferentes, em número demasiado para enumerar aqui.)

Os químicos não conseguem resistir ao primeiro tipo. Mas não é assim com nós todos? Quem, ao ganhar uma entrada para uma exibição de fogos de artifício, preferiria sentar-se em silêncio para observar um metal enferrujando? Quem não pulou e riu um bocado quando o professor de química ateou fogo a um balão de hidrogênio, produzindo um sonoro BUUM? Se você pedir a qualquer químico que demonstre sua reação favorita, ele invariavelmente vai invocar a maior e mais flamejante experiência que conseguir realizar em segurança. Para começarmos a entender reações químicas, voltemo-nos a um professor de química do século XIX, e a uma das demonstrações químicas mais ruidosas e espetaculares. Infelizmente, esse tipo de experimento nem sempre sai como planejado.

Fique bem para trás Justus von Liebig era uma pessoa extraordinária. Ele passou fome, tornou-se professor aos 21 anos, descobriu a base química

linha do tempo

1615	1789	1803	1853
Primeiro esquema de reação parecido com uma equação	Surge o conceito de reações químicas a partir do *Tratado elementar de química*, de Antoine-Laurent Lavoisier	A teoria atômica de John Dalton propõe reações químicas como rearranjo de átomos	A rainha da Baviera é ferida pela famosa reação "cão que late"

do crescimento das plantas e fundou um importante periódico científico, sem falar de algumas descobertas suas que levaram à invenção de uma pasta de extrato de levedura (também conhecida como Marmite). Ele fez diversas coisas das quais poderia se orgulhar, mas também fez algumas coisas embaraçosas. Diz a lenda que durante a demonstração de uma reação conhecida como "cão que late" para a família real da Baviera, em 1853, a experiência explodiu um tanto violentamente – bem na cara da rainha consorte, Therese de Saxe-Hildburghausen, e do filho dela, príncipe Luitpold.

> **"... Olhei em torno depois da terrível explosão na sala... e vi o sangue escorrendo do rosto da rainha Therese e do príncipe Luitpold."**
> **Justus von Liebig**

A "cão que late" é ainda umas das demonstrações mais espetaculares. Não é apenas fantasticamente explosiva e barulhenta – emitindo um sonoro "woof" –, é também brilhantemente relampejante. A reação acontece quando dissulfeto de carbono (CS_2) é misturado com óxido nitroso (N_2O) – mais conhecido como gás hilariante – e acendido. Trata-se de uma reação exotérmica, significando que perde energia para o ambiente (ver página 43). Nesse caso, parte da energia é perdida sob a forma de um grande lampejo azul de luz. Executada, como é muitas vezes, em um grande tubo transparente, a experiência é similar a um sabre de luz sendo "aceso" e depois "apagado". Vale a pena reservar um momento para procurar um vídeo on-line, se puder.

Se a plateia de Liebig não tivesse ficado tão impressionada com o efeito, eles não o teriam convencido a repetir o experimento, e a rainha Therese não teria sofrido seu pequeno ferimento – diz-se que a explosão derramou sangue. Como todas as reações, no entanto, a "cão que late" não passa de um rearranjo de átomos. Há apenas quatro tipos diferentes de átomos – elementos – envolvidos na "cão que late": carbono (C), enxofre (S), nitrogênio (N) e oxigênio (O).

$$N_2O + CS_2 \rightarrow N_2 + CO + SO_2 + S_8$$

Reação "cão que late": em uma reação semelhante, paralela, pode se formar também CO_2.

1898
O termo "fotossíntese" é usado para descrever reações fotossintéticas

1908
Fritz Haber estabelece uma planta piloto para produzir amônia a partir de nitrogênio e hidrogênio

2013
Uso do microscópio de força atômica para observar reações em tempo real

Equações químicas

Em 1615, Jean Beguin publicou um conjunto de notas de aulas de química, mostrando um diagrama da reação de mercure sublimé (cloreto de mercúrio, $HgCl_2$) com antimoine (trissulfeto de antimônio, Sb_2S_3). Embora pareça mais o diagrama de uma aranha, é considerado uma representação inicial de uma equação química. Mais tarde, no século XVIII, William Cullen e Joseph Black, que lecionaram nas universidades de Glasgow e Edimburgo, desenharam esquemas de reações contendo setas para explicar as reações químicas para seus alunos.

Os químicos usam uma equação química para mostrar onde eles acabam depois da reação.

Mal se nota Mas, e as reações mais discretas, menos vistosas? A ferrugem gradual de um prego de ferro é uma reação química entre ferro, água e oxigênio no ar, para formar o produto óxido de ferro – marrom alaranjado, flocos de ferrugem (ver página 54). É uma reação lenta de oxidação. Quando você corta uma maçã e ela fica marrom, é outra reação de oxidação – e que você consegue observar no período de poucos minutos. Para uma das mais importantes reações discretas, não é preciso olhar além das plantas na sua janela. Elas lentamente colhem os raios do Sol e usam a energia para rearranjar dióxido de carbono e água em açúcar e oxigênio, numa reação que conhecemos como fotossíntese (ver página 150). Isso é um resumo de uma cadeia de reações muito mais complexa, desenvolvida pelas plantas. O açúcar é usado como combustível para alimentar a planta, enquanto o outro produto, o oxigênio, é liberado. Pode não ser uma reação tão dramática como a "cão que late", mas é central para a vida no nosso planeta.

Você pode observar o próprio corpo para obter exemplos de reações. Suas células são, essencialmente, sacos cheios de substâncias químicas, centros de reações em miniatura. Cada qual faz o oposto do que uma planta faz na fotossíntese – para liberar energia, a célula reage ao açúcar absorvido de sua comida com o oxigênio que você respira e os rearranja, produzindo dióxido de carbono e água. Essa imagem especular, "reação de respiração", é a outra grande reação de sustentação de vida na Terra.

Rearranjos Sejam elas grandes ou pequenas, lentas ou breves como um relâmpago, todas as reações são o resultado de alguma mudança no modo como os átomos estão arrumados em reagentes iniciais. Os átomos dos diversos elementos podem ser fragmentados e recompostos de modos diferentes. Isso, em geral, significa que são formados novos compostos – mantidos unidos pelo compartilhamento de elétrons entre átomos do novo parceiro. Na reação "cão que late", o monóxido de carbono e o dióxido de enxofre são os dois novos compostos formados. São produzidas, além disso, moléculas de nitrogênio e de enxofre. Na fotossíntese, são formadas moléculas maiores, mais complexas – moléculas longas de açúcar contendo múltiplos átomos de carbono, hidrogênio e oxigênio.

Observação do desenrolar das reações

Em geral, quando dizemos que "vemos" uma reação acontecer, estamos apenas nos referindo à explosão, à mudança de cor ou a alguma outra consequência da reação. Não estamos vendo as moléculas individualmente, portanto não conseguimos ver o que está acontecendo de fato. Mas em 2013, pesquisadores norte-americanos e espanhóis realmente viram reações acontecendo em tempo real. Eles captaram a potência da microscopia de força atômica para obter imagens extremamente próximas de moléculas isoladas de oligo-(fenileno-1, 2-etinileno) reagindo em uma superfície de prata para formar novos produtos com estrutura anelar. Na microscopia de força atômica, as imagens são geradas de um modo completamente diferente do de uma câmera normal. O microscópio tem uma sonda muito fina, ou "ponta", que produz um sinal quando toca alguma coisa em uma superfície. Essa sonda consegue detectar a presença de átomos isolados. Nas imagens tiradas em 2013, as ligações, bem como os átomos nos reagentes e produtos, estão claramente visíveis.

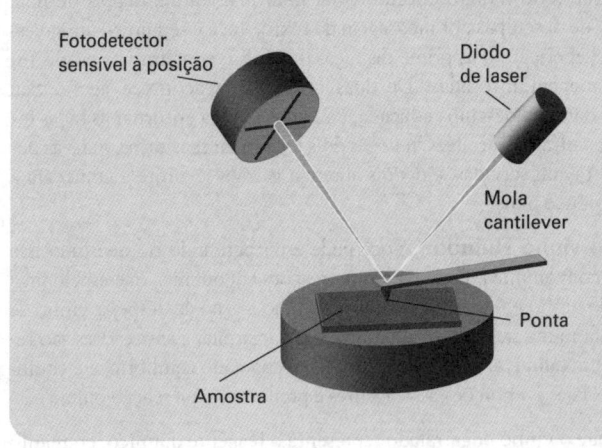

A ideia condensada: Rearranjo de átomos

09 Equilíbrio

Algumas reações se guiam numa única direção; outras vão constantemente para trás e para a frente. Nessas reações "flexíveis", um equilíbrio mantém o *status quo*. Reações de equilíbrio estão em toda parte, do seu sangue ao sistema de combustível que trouxe os astronautas da Apollo 11 de volta à Terra.

Você receberá alguns amigos e comprou algumas garrafas de vinho tinto. Querendo começar logo a festa, você abre uma garrafa, serve algumas taças e espera que todo mundo chegue. Uma hora mais tarde, depois de uma avalanche de desculpas por mensagem de texto, você e seu único amigo estão ainda bebericando as primeiras taças de vinho, enquanto as outras todas permanecem intocadas. De duas coisas, uma acontece agora. Seu amigo vai dar uma desculpa educada, deixando-o para entornar as taças intocadas de volta na garrafa. Ou vocês dois terminam suas taças, mais as outras que estavam servidas, e depois abrem a garrafa seguinte e começam a beber um pouco mais.

Manter o vinho fluindo Você pode estar pensando no que tudo isso tem a ver com química. Bem, há muitas reações em química que espelham a situação do vinho na festa fracassada. Tal como a ação de despejar vinho de uma garrafa numa taça e de volta outra vez na garrafa, essas reações são reversíveis. Em química, esse tipo de situação é chamado equilíbrio, e o equilíbrio controla as proporções de reagentes e produtos numa reação química.

Imagine que o vinho engarrafado representa o reagente químico, enquanto o vinho despejado nas taças representa o produto da reação. Na sua festa, você controla o fluxo de vinho, de modo que, se alguém bebe uma taça, você serve outra. Do mesmo modo, o equilíbrio controla o fluxo dos reagentes aos produtos, de maneira que, se parte dos produtos desaparece, ele trabalha para encontrar o *status quo* transformando parte dos reagentes em novos produtos. Mas uma ação reversível também funciona do modo oposto; assim, se alguma coisa interfere no *status quo* e de repente há produtos

linha do tempo

1000	1884	1947
A Grande Estalactite começou a se formar	Princípio de Le Châtelier	Paul Samuelson aplica o Princípio de Le Châtelier à economia

demais, o equilíbrio simplesmente empurra a reação de volta na direção oposta e reconverte os produtos em reagentes – como despejando o vinho de volta na garrafa.

A existência de um equilíbrio não significa que cada lado da equação química seja igual ao outro – não há sempre o mesmo volume de vinho nas taças e na garrafa. Ao contrário, cada sistema químico tem seu próprio meio ótimo, onde as reações para a frente e para trás acontecem na mesma proporção. Isso se aplica não apenas a reações complexas, mas a sistemas simples, como ácidos fracos (ver página 47), doando e aceitando íons de hidrogênio (H^+), e até moléculas de água que se separam em íons H^+ e OH^-. Na água, o equilíbrio fica mais perto do H_2O do sistema do que dos íons separados, de modo que, seja lá o que aconteça, o equilíbrio vai funcionar para manter a maior parte da água como moléculas de H_2O.

Combustível de foguete Então, onde mais encontramos esse tipo de equilíbrio químico? A aterrissagem na Lua em 1969 dá um bom exemplo. Projetado pela NASA, o sistema que permitiu a volta de Neil Armstrong, Buzz Aldrin e Michael Collins da Lua para casa era um sistema químico. Para gerar o impulso que os lançou de volta ao espaço, eles precisavam de um combustível e de um agente oxidante – al-

Constante de equilíbrio

Cada reação química tem seu próprio equilíbrio, mas como podemos saber onde ele está? Uma coisa chamada constante de equilíbrio determina a proporção dos reagentes que é transformada em produtos em uma reação reversível – ela nos diz onde está o equilíbrio. A constante de equilíbrio tem o símbolo K e seu valor é o mesmo que a proporção de produtos para reagentes. Desse modo, se houver quantidades (ou concentrações) iguais de produtos e reagentes, então K é igual a 1. Entretanto, se houver maior quantidade de produtos, então K é menor do que 1. Cada reação tem seu próprio valor de K. Na produção industrial de substâncias químicas, são usados catalisadores para modificar a constante de equilíbrio, pressionando-a para criar mais produtos. Reações que são efetuadas para se fazer substâncias químicas úteis, como a amônia (ver página 70), devem se reajustar constantemente para equilibrar a remoção dos produtos. Isso acontece porque a retirada dos produtos muda temporariamente a proporção de produtos para reagentes, ou K. Para manter K, a reação deve seguir ligeiramente mais forte na direção para a frente, produzindo outra vez mais produtos.

$$A \rightleftharpoons B$$
Reagentes $\rightleftharpoons$ Produtos

$$K_{eq} = [B] / [A]$$
(colchetes = concentração)

1952
Descoberta da Grande Estalactite

1969
O tetróxido de dinitrogênio impulsiona a tripulação da Apollo 11 de volta à Terra

guma coisa que fizesse o combustível queimar com mais força, acrescentando oxigênio à mistura. O agente oxidante usado na missão Apollo 11 foi chamado de tetróxido de dinitrogênio (N_2O_4), uma molécula que se divide ao meio para formar duas moléculas de dióxido de nitrogênio (NO_2). Mas o NO_2 pode se converter facilmente de volta em N_2O_4. Os químicos mostram isso como:

$$N_2O_4 \rightleftharpoons 2\,NO_2$$

"Em toda parte há um meio nas coisas, determinado por equilíbrio."

Dmitri Mendeleev

Se você puser tetróxido de nitrogênio em um pote de vidro (não é aconselhável, já que é corrosivo e, se você derramar, vai perder um pouco de pele), vai ver o equilíbrio em funcionamento. Quando mantido frio, o tetróxido de dinitrogênio, amarronzado, fica no fundo do pote, enquanto as moléculas de NO_2 ficam numa nuvem de vapor, acima. Entretanto, a temperatura e outras condições podem mudar a proporção de um equilíbrio. No caso do tetróxido de dinitrogênio, um pouco de calor leva o equilíbrio para a direita da equação, transformando uma parte maior do agente oxidante em gás. Se for resfriado outra vez, a conversão volta para N_2O_4.

Equilíbrio natural Os equilíbrios ocorrem o tempo todo na natureza. Eles mantêm em ordem as substâncias químicas contidas em seu sangue, conservando um pH constante em torno de 7, garantindo que seu sangue jamais se torne ácido demais. Ligadas a esses mesmos equilíbrios há reações reversíveis que controlam a liberação de dióxido de carbono nos seus pulmões. Você, então, expira o dióxido de carbono.

Se você já viu os pingos e cones de estalactites e estalagmites que se formam nas grutas de calcário, pode ter imaginado como elas se formam. A Grande Estalactite pendurada do teto da Gruta Doolin, no litoral ocidental da Irlanda, é uma das maiores do mundo, com mais de sete metros de comprimento. Formou-se ao longo de milhares de anos. Essa maravilha natural é, na realidade, outro exemplo de um equilíbrio químico em ação.

$$CaCO_3 + H_2O + CO_2 \rightleftharpoons Ca_2^+ + 2\,HCO_3^-$$

$CaCO_3$ é a fórmula química do carbonato de cálcio, que forma a rocha porosa, calcário. A água da chuva, que contém dióxido de carbono dissolvido, produz um ácido fraco chamado ácido carbônico (H_2CO_3), que reage com o carbonato de cálcio no calcário, dissolvendo-o para produzir íons de cálcio e de carbonato de hidrogênio. À medida que a chuva penetra os buracos na rocha, ela dissolve pedaços do calcário e carrega com ela os íons aí dissolvidos. Esse lento processo é suficiente para criar cavernas de calcário. Estalactites, como a Grande Estalactite, são formadas onde essa água, contendo íons de cálcio e de carbonato de hidrogênio, pinga no mesmo lugar durante muito tempo. Conforme a água da chuva pinga, dá-se a reação oposta. Os íons são convertidos de volta em carbonato de cálcio, água e dióxido de carbono, e o calcário é depositado. Por fim, o aumento contínuo de calcário nos pingos acaba criando um pingo de rocha sólida à sua imagem, com resultados impressionantes.

> ## O princípio de Le Châtelier
>
> Em 1884, Henri Louis Le Châtelier propôs um princípio que governa os equilíbrios químicos: "Todo sistema em equilíbrio químico, sob a influência de uma mudança em cada um dos fatores de equilíbrio, sofre uma transformação em tal direção que, se essa transformação acontecesse isoladamente, produziria uma mudança na direção oposta do fator em questão". Em outras palavras, quando ocorre uma mudança em um dos fatores que influenciam o equilíbrio, o equilíbrio se ajusta para minimizar o efeito da mudança.

A ideia condensada:
Status quo

10 Termodinâmica

A termodinâmica é um modo de previsão do futuro para os químicos. Com base em algumas leis fundamentais, eles conseguem calcular se alguma coisa irá reagir ou não. Se é difícil se empolgar com a termodinâmica, pense que ela tem muito a dizer sobre chá e o fim do Universo.

A termodinâmica pode parecer alguns daqueles velhos objetos espinhosos a respeito dos quais ninguém precisa realmente saber algo hoje em dia. Afinal, baseia-se em leis científicas desenvolvidas há mais de cem anos. O que pode, possivelmente, a termodinâmica nos ensinar hoje? Bem, um bocado de coisas, na verdade. Os químicos estão usando a termodinâmica para descobrir o que acontece em células vivas quando elas ficam frias – por exemplo, quando órgãos humanos são acondicionados em gelo antes de serem transplantados. A termodinâmica também está ajudando os químicos a prever o comportamento de sais líquidos que estão sendo usados como solventes em células de combustíveis, drogas e materiais de ponta.

As Leis da Termodinâmica são tão fundamentais para o negócio da ciência que estamos sempre encontrando novos modos de trabalhar com elas. Sem as Leis da Termodinâmica, seria difícil compreender ou prever por que qualquer processo químico ou reação acontece e suas características. Ou eliminar a possibilidade de que processos comuns possam acontecer de qualquer outro modo maluco – como sua xícara de chá ficando mais quente quanto mais você demora para bebê-la. Então, quais são essas leis indiscutíveis?

Não se pode criar nem destruir   Já vimos a Primeira Lei da Termodinâmica (ver página 32). Em sua forma mais simples, ela afirma que a energia nunca pode ser criada nem destruída. Isso só faz sentido se lembrarmos do que sabemos a respeito das conversões de energia: a energia pode ser convertida de uma forma para outra; por exemplo, quando a energia química no tanque de combustível do seu carro é convertida em energia cinética (ou energia do movimento) depois que você liga o motor. É nesse tipo de

linha do tempo

1842	1843	1847	1850
Julius Robert Mayer formula a Lei da Conservação da Energia	James Prescott Joule também formula a Lei da Conservação da Energia	Hermann Ludwig von Helmholtz formula a Lei da Conservação da Energia mais uma vez	Rudolf Clausius e William Thomson enunciam a Primeira e a Segunda Leis da Termodinâmica

conversão de energia que as pessoas que estudam termodinâmica tendem a estar interessadas.

Os químicos podem dizer que foi "perdida" energia durante uma reação química em particular, mas ela não foi realmente perdida. Apenas foi para algum outro lugar – em geral para o entorno, como calor. Em termodinâmica, esse tipo de reação de "perda de calor" é chamada exotérmica. A oposta, uma reação que absorva calor de seu entorno, denomina-se endotérmica.

O que interessa lembrar é que, não importa quanta energia é transferida entre os materiais que fazem parte da reação e de suas circunstâncias, a energia total sempre permanece a mesma. Caso contrário, o princípio da conservação da energia – a Primeira Lei da Termodinâmica – não funcionaria.

A segunda lei destrói o Universo inteiro A Segunda Lei da Termodinâmica é um pouco mais complicada para se perceber, mas consegue explicar praticamente tudo. Tem sido usada para explicar o Big Bang e predizer o fim do Universo, e, junto com a Primeira Lei, nos diz por que tentativas de construir uma máquina de movimento perpétuo estão fadadas ao fracasso. Ajuda-nos, além disso, a entender por que o chá esfria, em vez de ficar mais quente.

Sistemas e circunstâncias

Os químicos gostam de ordem nas coisas, de modo que, quando estão fazendo seus cálculos termodinâmicos, sempre se certificam de terem categorizado aquilo do que estão falando. A primeira tarefa é sempre identificar o sistema ou a reação específica que estão estudando, e então tudo o mais são as circunstâncias. Uma xícara de chá esfriando, por exemplo, deve ser pensada como o próprio chá e depois como tudo o mais que cerca o chá – a xícara, o suporte, o ar para onde o vapor evapora, a mão que você aquece na caneca quente. Na verdade, quando se trata de reações químicas, pode ser mais difícil do que você pensa descobrir onde o sistema acaba e onde começam as circunstâncias.

Um sistema termodinâmico completo

- Evaporação do líquido
- Meio gasoso (radiação e condução)
- Superfície (condutividade)
- Líquido quente (convecção)

1877 Ludwig Boltzmann descreve a entropia como uma medida de desordem

1912 A Terceira Lei da Termodinâmica é afirmada por Walther Nernst

1949 William Francis Giauque ganha o Prêmio Nobel por progressos na termodinâmica química

1964 Flanders e Swann lançam a canção "First and Second Law"

> «Não conhecer a Segunda Lei da Termodinâmica é como nunca ter lido uma obra de Shakespeare.»
>
> C. P. Snow

A parte complicada a respeito da Segunda Lei é que ela se baseia em um conceito difícil, chamado entropia. A entropia é frequentemente descrita como uma medida de desordem – quanto mais desordenada é alguma coisa, mais alta é sua entropia. Pense nela como um pacote de pretzels. Quando os pretzels estão em segurança dentro do pacote, a entropia deles é baixa. Quando você abre o pacote de modo muito impaciente, os pretzels explodem por toda parte e a entropia deles se torna muito mais alta. O mesmo acontece se você destampa um frasco de gás metano fedorento – nesse caso, seu nariz será capaz de detectar a desordem se formando.

A Segunda Lei da Termodinâmica afirma que a entropia sempre cresce, ou, pelo menos, nunca decresce. Em outras palavras, as coisas tendem a ficar mais desordenadas. Isso se aplica a tudo, inclusive ao próprio Universo, que acabará caindo em completa desordem e expirará. O raciocínio para essa previsão completamente aterradora é que, em essência, as possibilidades de os pretzels serem lançados para longe são bem maiores do que as de eles ficarem no pacote (ver "Entropia"). A Segunda Lei é algumas vezes descrita em termos de calor, afirmando-se que o calor sempre flui dos lugares mais quentes para os mais frios – por isso seu chá sempre perde calor para o ambiente e esfria.

Entropia

O que a entropia mede, na realidade, é em quantos estados diferentes um sistema poderia existir, dados alguns parâmetros-chaves. Podemos saber o tamanho do pacote de pretzels e até mesmo quantos pretzels há nele; entretanto, se o sacudirmos para cima e para baixo, não saberemos exatamente onde cada pretzel estará quando o abrirmos. A entropia nos diz quantos modos diferentes há para arrumar os pretzels. Quanto maior o pacote, mais modos de se acomodar os pretzels. Em reações químicas, com moléculas, em vez de pretzels, há ainda mais parâmetros a se considerar, tais como temperatura e pressão.

Do ponto de vista de um químico, no entanto, a Segunda Lei é importante por determinar o que acontece nos processos e reações químicos. Uma reação só é termodinamicamente factível, ou, em outras palavras, só pode "ir" em determinada direção, se a entropia aumenta no geral. Para calcular isso, o químico tem de pensar não apenas na mudança de entropia no "sistema", o que muitas vezes acaba sendo muito mais complicado do que um pacote de pretzels ou uma xícara de chá, mas também na mudança de entropia nas circunstâncias (ver "Sistemas e Circunstâncias", página 43). Contanto que a Segunda Lei não seja violada, a reação pode prosseguir, e se ela não funcionar, então o químico terá de descobrir o que precisa ser feito para que ela funcione.

Quem tem medo da Terceira Lei? A Terceira Lei da Termodinâmica é menos conhecida do que as outras duas. O que ela diz, essencialmente, é que, quando a temperatura de um cristal perfeito – e tem de ser perfeito – atinge o zero absoluto, sua entropia deverá também ser zero. E isso talvez explique por que a Terceira Lei da Termodinâmica é frequentemente esquecida. Parece tudo um tanto abstrato, e supõe-se que seja útil apenas para as pessoas capazes de esfriar coisas ao zero absoluto (−273 °C) e que estejam trabalhando com cristais – e, ainda por cima, cristais perfeitos e ideais.

A ideia condensada:
Mudança de energia

11 Ácidos

Como você consegue guardar vinagre numa garrafa de vidro, derramá-lo sobre sua salada e comê-la, enquanto o ácido fluorantimônico comeria a própria garrafa? Tudo se resume a um átomo minúsculo que é encontrado em todos os ácidos, do ácido clorídrico no seu estômago ao mais forte dos superácidos.

Humphry Davy era um humilde aprendiz de cirurgião que ficou famoso por encorajar pessoas bem de vida a inalar gás hilariante. Nascido em Penzance, na Cornualha, com pendor literário, Davy ficou amigo de alguns dos mais renomados poetas românticos do oeste da Inglaterra – Robert Southey e Samuel Taylor Coleridge –, mas foi na química que fez sua carreira. Ele aceitou um emprego como superintendente químico em Bristol, onde publicou a obra que lhe garantiria uma posição de conferencista e, por fim, um posto de professor de Química na Royal Institution, em Londres.

Caricaturas do século XIX mostram Davy divertindo plateias em suas palestras com foles cheios de óxido nitroso – gás hilariante –, embora ele tivesse proposto que o gás terapêutico fosse usado como anestésico. Fora de suas palestras populares, Davy levava adiante um trabalho pioneiro em eletroquímica (ver página 94). Ainda que não tivesse sido o primeiro a perceber que a eletricidade podia separar compostos em seus átomos componentes, ele deu bom uso à técnica ao descobrir os elementos potássio e sódio. Além disso, testou uma teoria apresentada por um dos grandes nomes na química, Antoine Lavoisier.

Lavoisier tinha morrido – na guilhotina – alguns anos antes, nas mãos da Revolução Francesa. Embora ele seja lembrado por muitas ideias esclarecedoras, como sua sugestão de que a água é composta de oxigênio e hidrogênio, errou pelo menos numa coisa: propôs que o oxigênio, o elemento que ele mesmo tinha batizado, é que conferia acidez aos ácidos. Mas Davy sabia que não era assim. Com o uso da eletrólise, ele separou o ácido muriático em seus elementos e viu que continha apenas hidrogênio e cloro. O ácido

linha do tempo

1778	1810	1838
Teoria do oxigênio dos ácidos de Antoine-Laurent Lavoisier	Humphry Davy refuta a teoria do oxigênio	Teoria do hidrogênio dos ácidos de Justus von Liebig

não continha oxigênio nenhum. Você vai encontrar ácido muriático na prateleira de qualquer laboratório de química, e é o mesmo ácido que, no seu estômago, ajuda na digestão dos alimentos: ácido clorídrico.

Hidrogênio, não oxigênio Em 1810, Davy concluiu que o oxigênio não poderia ser o elemento que definia um ácido. Levou quase um século para que aparecesse a primeira teoria dos ácidos, verdadeiramente moderna, cortesia do químico sueco Svante Arrhenius, que acabaria ganhando o Prêmio Nobel. Arrhenius propôs que os ácidos eram substâncias que se dissolviam em água para liberar hidrogênio, sob a forma de íons de hidrogênio com carga positiva (H^+). Ele disse também que as substâncias alcalinas (ver "Bases", página 48) se dissolviam em água liberando íons de hidróxido (OH^-). Embora a definição de bases de Arrhenius tenha sido revisada mais tarde, sua premissa central – que ácidos são doadores de hidrogênio – forma o alicerce do nosso conhecimento dos ácidos.

Ácidos fracos e ácidos fortes Atualmente pensamos nos ácidos como doadores de prótons e nas bases como receptores de prótons. (Lembre-se de que, nesse contexto, um próton significa um átomo de hidrogênio que perdeu seu elétron para formar um íon, de modo que essa teoria simplesmente afirma que ácidos doam íons de hidrogênio e que bases os recebem.) A força de um ácido é a medida da capacidade da molécula de doar seus prótons. O vinagre, ou ácido etanoico (CH_3COOH), que você asperge em sua salada é bastante fraco, porque em qualquer tempo muitas das moléculas ainda terão seus prótons ligados a elas. Os prótons estão constantemente se dividindo e depois se unindo outra vez com a molécula principal, formando uma mistura em equilíbrio (ver página 38).

> **Mol**
>
> Os químicos têm um conceito de quantidade curioso. Não raro, em vez de simplesmente pesar a coisa, eles querem saber com exatidão quantas partículas dessa coisa estão presentes. Eles chamam um determinado número de partículas – igual ao número de partículas em 12 g de carbono comum – de um "mol". Então, um vidro de ácido rotulado 1M (1 molar) nos diz que há $6,02 \times 10^{23}$ de moléculas de ácido em cada litro. Por sorte você não tem de contar cada partícula. As substâncias recebem uma "massa molar" – o peso que equivale a um mol.

> **"Vou atacar a química como um tubarão..."**
>
> **Samuel Taylor Coleridge,** poeta amigo de Humphry Davy

1903
Svante Arrhenius ganha o Prêmio Nobel pelo trabalho sobre química dos ácidos

1923
Johannes Bronsted e Thomas Lowry propõem independentemente teorias de ácido baseadas no hidrogênio

1923
Definição de ácidos de Gilbert Lewis

Bases

Na escala de pH, a base é considera uma substância com um pH acima de 7 – o ponto médio da escala, que em geral vai de 0 a 14 (muito embora existam pHs negativos e outros acima de 14). Uma base dissolvida em água é chamada álcali. Substâncias alcalinas incluem amônia e bicarbonato de sódio. Um estudo de 2009, feito por pesquisadores suecos, descobriu que substâncias alcalinas, bem como as ácidas, como suco de frutas, podem danificar os dentes. O que faz a antiquada lógica de escová-los com bicarbonato de sódio – para neutralizar os ácidos – parecer um tanto ultrapassada. Como a escala de pH funciona de modo logarítmico, cada aumento de um ponto isolado significa que uma substância é dez vezes mais básica, e vice-versa. Desse modo, uma base de pH 14 é dez vezes mais básica do que uma de pH 13, e um ácido com pH 1 é dez vezes mais ácido do que um de pH 2.

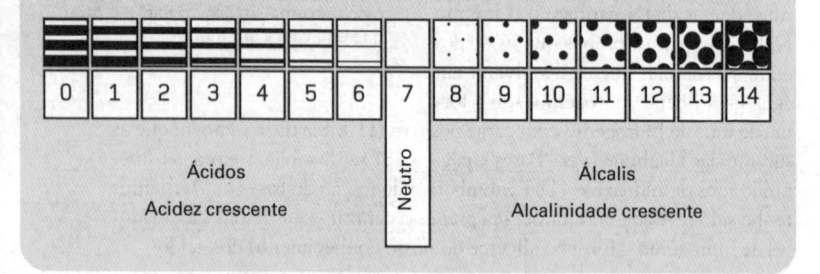

0	1	2	3	4	5	6	7	8	9	10	11	12	13	14
Ácidos							Neutro	Álcalis						
Acidez crescente								Alcalinidade crescente						

O ácido clorídrico de Davy (HCl), por outro lado, é realmente bom em doar prótons. Todo o ácido clorídrico dissolvido em água é separado em íons de hidrogênio e íons de cloro (Cl⁻) – em outras palavras, ele se ioniza inteiramente.

A força de um ácido não tem muito a ver com sua concentração. Se tivermos o mesmo número exato de moléculas ácidas dissolvidas na mesma quantidade de água, um ácido mais forte, como o ácido clorídrico, vai liberar uma quantidade maior de seus prótons do que um ácido mais fraco; portanto, estará numa concentração mais alta. Entretanto, pode-se diluir ácido clorídrico em água suficiente para fazer com que sua acidez fique menor que a do vinagre. Os químicos medem a concentração dos ácidos usando a escala de pH (ver "Bases", acima). Estranhamente, um pH menor significa uma concentração maior de íons de hidrogênio – um ácido mais concentrado é considerado mais ácido e tem um número de pH mais baixo.

Superácidos   O empolgante a respeito dos ácidos, como todo mundo sabe, é que você pode usá-los para dissolver todo tipo de coisa: escrivaninhas, legumes e, como foi popularizado pelo seriado *cult Breaking bad*, um cadáver inteiro numa banheira. A verdade, porém, é que o ácido fluorídrico

(HF) não queimaria direto através do chão do banheiro nem reduziria instantaneamente um corpo a húmus, como fez no programa de tevê, mas por certo machucaria se você o entornasse na mão.

Se você quiser um ácido realmente malvado, pode fabricá-lo pegando ácido fluorídrico e fazendo-o reagir com uma coisa chamada pentafluoreto de antimônio. O ácido fluoroantimônico é tão ácido que ultrapassa a extremidade inferior da escala de pH. É tão violentamente corrosivo que tem de ser guardado em teflon – um material muitíssimo resistente porque contém algumas das ligações mais fortes (ligação carbono-flúor) existentes em toda a química. Esse ácido é chamado de "superácido".

Alguns superácidos corroem vidro. Estranhamente, no entanto, superácidos carboranos, que são alguns dos mais potentes conhecidos, podem ser guardados com bastante segurança em uma garrafa de vidro comum. Isso acontece porque não é a parte que Arrhenius identificou como sendo ácida – o íon de hidrogênio – que determina se um ácido é corrosivo. É o outro componente. É a sobra de flúor no ácido fluorídrico que vai corroer o vidro. Nos superácidos carboranos, que são ácidos mais fortes, a parte excedente é estável e não reage.

A ideia condensada:
Liberando hidrogênio

12 Catalisadores

Algumas reações simplesmente não acontecem sem ajuda. Precisam de um empurrãozinho. Certos elementos e compostos podem funcionar como ajudantes para dar esse empurrão, e são chamados catalisadores. Na indústria, os catalisadores são muitas vezes metais, e são usados para conduzir reações. Nosso corpo também usa quantidades minúsculas de metais – contidos em moléculas chamadas enzimas – para apressar processos biológicos.

Em fevereiro de 2011, médicos no Hospital Prince Charles, em Brisbane, examinaram uma mulher de 73 anos de idade com artrite, que se queixava de perda de memória, tontura, vômitos, dores de cabeça, depressão e anorexia. Nenhum dos sintomas parecia estar relacionado com a artrite, ou com a prótese de quadril que ela fizera cinco anos antes. Após alguns exames, os médicos perceberam que os níveis de cobalto da mulher estavam altos. Acabou que a liga metálica usada em seu quadril novo estava vazando cobalto, resultando em seus sintomas neurológicos. O cobalto é um metal tóxico. Provoca urticária em contato com a pele e problemas de respiração quando inalado. Em doses altas, pode ocasionar todo tipo de problemas. Mas nós, na verdade, precisamos de cobalto para viver. Do mesmo modo que outros metais de transição (ver página 10), como o cobre e o zinco, ele é essencial à ação de enzimas no corpo. Seu papel mais crucial é na vitamina B12, encontrada na carne e no peixe, e usada para fortificar cereais. O cobalto funciona, essencialmente, como um catalisador.

A ajuda   O que é um "catalisador"? Você provavelmente já ouviu falar dele em relação a conversores catalíticos em carros (ver "Fotocatálise" na página 53), ou em expressões como "catalisador para inovação".

Você tem uma vaga ideia do que significa provocar o início de algo. Mas, para entender o que realmente faz um catalisador químico, ou uma enzima biológica (ver página 134), pense nele como uma partícula auxiliar. Se você

linha do tempo

1912	1964	1975
Paul Sabatier recebe o Prêmio Nobel de Química por seu trabalho sobre metais catalisadores	Dorothy Hodgkin recebe o Prêmio Nobel de Química pela primeira estrutura metaloenzima	Primeiros conversores catalíticos instalados em carros

realmente precisa pintar o teto, mas isso parece exigir demasiado esforço, você pode abusar da generosidade e das aptidões de um namorado ou de um colega de apartamento para dar o pontapé inicial do processo. Você o manda comprar o tipo certo de tinta e o rolo enquanto tenta reunir energia para fazer com que a pintura aconteça. Parece mais fácil agora, que alguém está dando uma mãozinha.

Conversor catalítico

O conversor catalítico em um carro é a parte que retira os poluentes mais perigosos emitidos pelo escapamento – ou pelo menos os converte em outros poluentes menos nocivos. O ródio, um metal mais raro do que o ouro, tem sua aplicação principal em conversores catalíticos. Ele ajuda a converter óxidos de nitrogênio em nitrogênio e água. O paládio é frequentemente usado como catalisador para converter monóxido de carbono em dióxido de carbono. Então, podemos ficar com emissões de dióxido de carbono, mas pelo menos não teremos o monóxido de carbono, que é muito letal para as pessoas. Em um conversor catalítico, os reagentes são gases, de modo que, diz-se, o catalisador ródio está numa fase diferente (ver página 34) da dos reagentes. Esses tipos de catalisadores são chamados catalisadores heterogêneos. Quando um catalisador está na mesma fase que a dos reagentes, é chamado catalisador homogêneo.

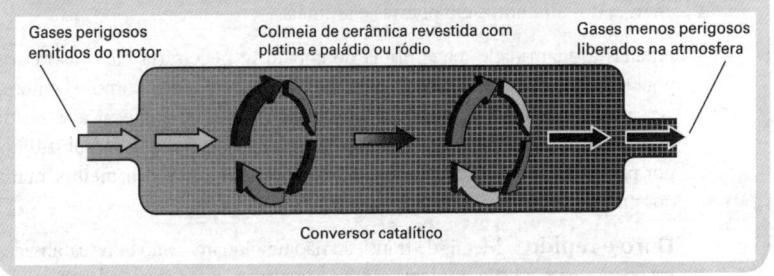

Gases perigosos emitidos do motor

Colmeia de cerâmica revestida com platina e paládio ou ródio

Gases menos perigosos liberados na atmosfera

Conversor catalítico

O mesmo tipo de coisa acontece em algumas reações químicas; elas simplesmente não conseguem se iniciar sem alguma ajuda extra. Tal como seu colega de apartamento que dá uma mão com a pintura, o catalisador faz com que tudo pareça requerer menos esforço. De fato, o catalisador reduz a quantidade de energia necessária para dar a partida numa reação – ele cria uma nova rota para a reação, a fim de que os reagentes não tenham de ultrapas-

1990
Richard Schrock elabora catalisadores metálicos eficientes para reações de metátese

2001
Pilkington lança o primeiro vidro autolimpante baseado em fotocatálise

sar uma barreira de energia tão grande. Como bônus, o catalisador não é consumido pela reação, de modo que pode ajudar muitas outras vezes.

Só um pouquinho No corpo, metais de transição são frequentemente usados por vitaminas em razão de suas propriedades catalisadoras. A vitamina B12 foi durante muito tempo o fator misterioso que se adquiria ao se comer fígado – "o fator fígado" –, que conseguia curar anemia em cachorros e pessoas. Ajudada pelo cobalto, essa vitamina catalisa um número de reações diferentes que são importantes no metabolismo e na fabricação de células vermelhas no sangue. Sua estrutura complexa foi a primeira, entre as metaloenzimas, a ser descoberta pela cristalografia de raios-X (ver página 90), em uma série de análises minuciosas que rendeu o Prêmio Nobel de Química a Dorothy Crowfoot Hodgkin em 1964. Outras enzimas que podem transportar metais de transição auxiliares incluem a citocromo oxidase, que usa cobre para extrair energia dos alimentos em plantas e animais.

> **"O níquel parecia... possuir uma capacidade notável para hidrogenar o etileno sem... ser visivelmente modificado, ou seja, agindo como um catalisador."**
> Paul Sabatier, Prêmio Nobre de Química, 1912

Apenas a quantidade mais ínfima de cobalto é necessária para manter os poucos miligramas de vitamina B12 funcionando em seu corpo. (Lembre-se, ele é reciclado). Qualquer dose a mais e você vai começar a se sentir muito mal mesmo. Quando a prótese da senhora australiana foi substituída por partes de polietileno e cerâmica, ela começou a se sentir melhor numa questão de semanas.

Duro e rápido Metais de transição não funcionam como bons catalisadores apenas para reações biológicas. Eles constituem bons catalisadores, ponto. Níquel, um metal prateado usado na fabricação de moedas e peças de motores com alta eficiência espectral, também pode conduzir reações que fazem endurecer gorduras, como margarina. Essas reações de hidrogenação acrescentam átomos de hidrogênio a moléculas contendo carbono, transformando moléculas "insaturadas" (moléculas com ligações a mais) em saturadas. Por volta da virada do século XX, o químico francês Paul Sabatier percebeu que níquel, cobalto e ferro poderiam ajudar a hidrogenar acetileno insaturado (C_2H_2) formando etano (C_2H_6). Ele começou usando níquel, o mais eficaz, para hidrogenar todo tipo de composto contendo carbono. Mais tarde, em 1912, Sabatier ganhou o Prêmio Nobel por seu trabalho em "hidrogenação na presença de metais finamente desintegrados". A essa altura, a indústria alimentícia tinha adotado o níquel como catalisador para transformar óleo vegetal líquido em margarina endurecida. A Crisco, uma marca de gordura vegetal usada para assar, tornou-se o primeiro produto contendo gordura artificial.

O problema com o processo com o níquel é que o catalisador produz também gorduras trans – contaminantes parcialmente hidrogenados, que são acusados de causar problemas de saúde, inclusive colesterol alto e enfartes. No início dos anos 2000, os governos compreenderam o problema e começaram a conferir a quantidade de gorduras trans nos alimentos. O produto atual da Crisco não contém gorduras trans.

Nem todos os catalisadores são metais de transição – inúmeros elementos e compostos diferentes ajudam a acelerar reações. Mas o Prêmio Nobel de Química em 2005 foi concedido por causa de outro conjunto de reações dirigidas por catalisadores metálicos: reações de metátese, que são importantes na elaboração de drogas e plásticos. E o cobalto está agora sendo usado em química de ponta para extrair hidrogênio da água (ver página 202), de modo que ele possa ser usado como combustível limpo.

> **Fotocatálise**
>
> A fotocatálise refere-se a reações químicas que são dirigidas pela luz. A ideia tem sido empregada em janelas autolimpantes, que eliminam a sujeira com a luz do Sol. Um dispositivo ainda mais espacial é o "depurador de gás" fotocatalisador da NASA, usado pelos astronautas que fazem plantações no espaço para romper a substância química etileno, que provoca o apodrecimento.

A ideia condensada:
Condutor de reações reusável

13 Oxirredução

Muitas reações comuns são conduzidas pela troca de elétrons entre um tipo de molécula e outro. A ferrugem e a fotossíntese nas plantas verdes são exemplos desse tipo de reação. Mas por que as chamamos de reações "oxirredução"?

Embora possa parecer uma sequência de filme de ação, a oxirredução (redox) na verdade se refere a um tipo de reação, fundamental à química e a diversos processos químicos na natureza, como a fotossíntese nas plantas (ver página 150) e a digestão dos alimentos nas entranhas. É um processo que muitas vezes envolve oxigênio, o que pode explicar a parte "oxi" de oxirredução. Mas para realmente entender por que essas reações são chamadas oxirredução, temos de pensar nas reações em relação ao que está acontecendo com os elétrons nelas contidos.

Muito do que acontece nas reações químicas pode ser atribuído ao paradeiro dos elétrons, as partículas carregadas negativamente que formam nuvens em torno do núcleo de cada átomo. Já sabemos que os elétrons podem unir átomos – eles podem ser compartilhados nas ligações que criam compostos químicos (ver página 22) –, e quando são perdidos ou adquiridos perturbam o equilíbrio das cargas, resultando em partículas carregadas positiva ou negativamente, conhecidas também como íons.

Perda e ganho Os químicos usam termos especiais para a perda e o ganho de elétrons. Quando um átomo ou molécula perde elétrons, esse processo é chamado oxidação; se um átomo ou molécula ganha elétrons, diz-se que sofre uma redução.

Por que se referir à perda de elétrons como oxidação? A oxidação é, de fato, uma reação que envolve oxigênio? Bem, algumas vezes; e isso faz com que "oxidação" seja um termo um tanto confuso. A ferrugem, por exemplo, é uma reação entre ferro, oxigênio e água. Então, é uma reação de oxidação que envolve oxigênio. Mas também fornece um exemplo para o outro tipo

linha do tempo

Três bilhões de anos atrás	Século XVII	1779
A fotossíntese começa com cianobactérias	A palavra "redução" é usada para descrever a transformação do cinábrio (sulfeto de mercúrio) em mercúrio	Antoine-Laurent Lavoisier chama o componente do ar e reage com metal de *oxigene* oxigênio

Estados de oxidação

Tudo bem dizer que as reações de oxirredução envolvem a transferência de elétrons, mas como descobrimos para onde os elétrons vão e em que quantidade? Isso exige saber algo sobre os estados de oxidação. Os estados de oxidação nos revelam o número de elétrons que um átomo pode ganhar ou perder ao ser pareado com outro átomo. Vamos começar com compostos iônicos – com íons, a chave está na carga. O estado de oxidação de um íon de ferro (Fe^{2+}), no qual faltam dois elétrons, devido à oxidação, é +2. Então, sabemos que ele está procurando outros dois elétrons. Fácil, não? É igual para qualquer íon. No sal de cozinha (NaCl), o estado de oxidação do Na é +1, e o estado de oxidação do Cl é –1. E os compostos com ligação covalente, como a água? Na água, é como se o átomo de oxigênio roubasse dois elétrons de dois íons de hidrogênio separados para preencher sua camada externa, de modo que podemos considerar seu estado de oxidação como –2. Muitos elementos de metais de transição, como o ferro, têm estados de oxidação diferentes em diferentes compostos, mas muitas vezes você pode calcular para onde os elétrons estão indo ao conhecer o estado de oxidação "normal" de um átomo. Isso é frequentemente (mas não sempre) definido por sua posição na Tabela Periódica.

ESTADOS DE OXIDAÇÃO COMUNS:

FERRO (III), ALUMÍNIO	+3
FERRO (II), CÁLCIO	+2
HIDROGÊNIO, SÓDIO, POTÁSSIO	+1
ÁTOMOS INDIVIDUAIS (NÃO CARREGADOS)	0
FLÚOR E CLORO	–1
OXIGÊNIO, ENXOFRE	–2
NITROGÊNIO	–3

de oxidação. Durante a reação de enferrujar, átomos de ferro perdem elétrons, formando íons carregados positivamente. Íons de ferro. Eis como os químicos mostrariam o que acontece com o ferro (Fe) nessa reação:

$$Fe \rightarrow Fe^{2+} + 2e^-$$

"$2e^-$" representa os dois elétrons carregados negativamente que são perdidos quando um átomo de ferro é oxidado.

1880 — Invenção da bateria

1897 — Descoberta dos elétrons por Joseph John Thomson

Século XX — O termo "oxirredução" é usado para descrever reações de redução-oxidação

2005 — Estabelecida a conferência Mega Rust

Esses dois significados de oxidação estão, na verdade, relacionados – o termo "oxidação" é expandido para incluir reações que não envolvem oxigênio. Como acima, os químicos descrevem um íon de ferro quanto ao número de elétrons que ele perdeu em comparação ao seu estado não carregado. A perda de dois elétrons dá a ele uma carga positiva 2⁺, com dois prótons mais carregados positivamente, do que os elétrons carregados negativamente.

> **"Há mais coisas que os fuzileiros deveriam fazer além de remover ferrugem."**
>
> Matthew Koch, gerente do programa de prevenção e controle da ferrugem do Corpo de Fuzileiros Navais dos Estados Unidos

Reação de duas metades O que acontece aos elétrons? Eles não podem simplesmente desaparecer. A fim de entendermos para onde eles vão, temos também de levar em conta o que está acontecendo ao oxigênio nesse processo de ferrugem. Ao mesmo tempo que o ferro está perdendo elétrons, o oxigênio está ganhando elétrons (está sendo reduzido) e se unindo ao hidrogênio para formar íons de hidróxido (hidroxilas ou OH⁻)

$$O_2 + 2\,H_2O + 4e^- \rightarrow 4\,OH^-$$

Há uma reação de oxidação e uma reação de redução acontecendo simultaneamente, e elas podem ser unidas, assim:

$$2\,Fe + O_2 + 2\,H_2O \rightarrow 2Fe^{2+} + 4\,OH^+$$

Quando redução e oxidação acontecem ao mesmo tempo, tem-se oxirredução! As duas "metades" da reação são apropriadamente referidas como meias-reações.

Caso você esteja se perguntando por que ainda não temos ferrugem (óxido de ferro), é porque o ferro e os íons hidroxila ainda têm de reagir uns com os outros para formar o íon hidróxido ($Fe(OH)_2$), que então reage com a água e mais oxigênio para fazer óxido de ferro hidratado ($Fe_2O_3 \times nH_2O$). A reação de oxirredução acima é apenas parte de um processo de enferrujamento maior, com múltiplos estágios.

E daí? Saber como a ferrugem funciona é muito importante, na verdade, porque custa bilhões de dólares por ano a indústrias como a de transporte marítimo e aeroespacial. A American Society of Naval Engineers organiza uma conferência anual, chamada Mega Rust, para reunir pesquisadores que trabalham na prevenção da corrosão.

Um exemplo poderoso da oxirredução é o que acontece no Processo Haber (ver página 70), importante na fabricação de fertilizantes ou em uma simples bateria. Se você pensar no fato de que a corrente elétrica de uma bateria é um fluxo de elétrons, você pode imaginar de onde os elétrons vêm. Em uma bateria, eles fluem de uma "meia-célula" para outra – cada meia-célula fornece o ambiente para uma meia-reação, com uma delas liberando elétrons por oxidação e a outra aceitando-os por redução. No meio do fluxo de elétrons está qualquer sistema que você queira energizar.

> Agentes oxidantes e agentes redutores
>
> Em uma reação química, uma molécula que arraste elétrons de outra molécula é chamada um agente oxidante – provoca perda de elétrons. Assim, faz sentido que um agente redutor seja um doador de elétrons – provoca redução, ou ganho de elétrons. Água sanitária, hipoclorito de sódio (NaOCl), é de fato um potente agente oxidante. Ela branqueia as roupas retirando elétrons dos compostos do pigmento, mudando a estrutura deles e destruindo suas cores.

A ideia condensada: Dar e receber elétrons

14 Fermentação

Do vinho neolítico ao repolho em conserva, da cerveja antiga às delícias islandesas de carne de tubarão, a história da fermentação está entrelaçada com a história da produção humana de alimentos e bebidas. Mas, como os arqueólogos descobriram, temos explorado as reações de fermentação provocadas por micróbios desde antes de sabermos que os micróbios existiam.

Em 2000, Patrick McGovern, um graduado em Química que virou arqueólogo molecular da Universidade da Pensilvânia, viajou à China para examinar cerâmicas do Neolítico com 9 mil anos de idade. Ele não estava interessado na cerâmica propriamente dita, mas na escuma que se prendia a ela. Ao longo dos dois anos seguintes, ele e seus colegas norte-americanos, chineses e alemães submeteram a diversos testes fragmentos de cerâmica de 16 jarros e recipientes de bebida variados, encontrados na província de Henan. Quando acabaram, publicaram seus resultados em um importante periódico científico, junto com descobertas de líquidos fragrantes que tinham permanecido selados durante 3 mil anos dentro de um bule de chá de bronze e de um jarro tampado, em duas tumbas diferentes.

A escuma forneceu provas da bebida fermentada mais antiga conhecida, feita de arroz, mel e frutas de árvores de espinheiro, ou uvas silvestres. Há semelhanças entre as assinaturas químicas dos ingredientes e as do vinho de arroz moderno. Quanto aos líquidos, a equipe os descreveu como "vinhos" de arroz ou de milheto filtrados, provavelmente ajudados no caminho da fermentação por fungos que teriam quebrado o açúcar no grão. Desde então, McGovern alega que os egípcios antigos fabricavam cerveja havia 18 mil anos.

Prova viva Fabricação de cerveja é certamente uma tradição antiga, mas só depois do advento da ciência moderna é que foi revelado como esse processo funciona. Em meados do século XIX, um pequeno grupo de cientistas formulou a "teoria do germe" das doenças: as doenças eram causadas

linha do tempo

7.000 a 5.500 a.C.	1835	1857
Bebidas fermentadas chinesas primitivas	Charles Cagniard de la Tour observa levedo brotando no álcool	Louis Pasteur confirma que levedura viva é necessária para a produção de álcool

por micróbios. Assim como a maior parte das pessoas não acreditava que organismos vivos provocassem doenças, não se acreditava que organismos vivos tivessem qualquer coisa a ver com o processo de fermentação para a produção do álcool. Embora levedos já fossem usados havia anos para fazer cerveja e pães, e fossem até ligados às reações que produziam álcool, eles eram considerados ingredientes inertes, não organismos vivos. Mas Louis Pasteur, o cientista que inventou a vacina contra a raiva e deu seu nome ao processo de pasteurização, persistiu em seus estudos sobre vinho e doenças.

> **[O] fermento é adicionado à bebida para que ela levede; e ao pão para que fique mais leve e cresça.**
> Definição de levedo,
> Dicionário Inglês, 1755

Com a invenção de microscópios melhores, as visões sobre a natureza do levedo tinham começado a mudar. Por fim, o artigo de Pasteur, de 1857, "Memoire sur la fermentation alcoolique", detalhava seus experimentos sobre levedos e fermentação, e firmemente estabeleceu que, para o álcool ser feito por fermentação, células de levedo tinham de estar vivas e se multiplicando. Cinquenta anos mais tarde, Eduard Buchner ganhou o Prêmio Nobel de Química por descobrir o papel das enzimas (ver página 134) nas células, depois de trabalhar originalmente com as enzimas que comandam as reações produtoras da bebida alcoólica no levedo.

Borbulha e assa A reação que agora associamos à fermentação é:

Açúcar → (levedo) → etanol → dióxido de carbono

O açúcar alimenta o levedo, e as enzimas do levedo funcionam como catalisadores naturais (ver página 50) que comandam a conversão do açúcar da fruta ou dos grãos em etanol – um tipo de álcool (ver "Bebidas mortais", na página 60) – e dióxido de carbono. A mesma espécie de levedo (*Saccharomyces cerevisae*), mas de uma cepa diferente, é usada na fabricação da cerveja. Cada pacote que o cervejeiro acrescenta à sua mistura contém bilhões de células de levedo, mas há também leveduras selvagens crescendo em grãos e frutas, incluindo na casca de maçã usada na fabricação da sidra.

1907
Eduard Buchner ganha o Prêmio Nobel por trabalho inspirado por enzimas de levedura-fermentação

2004
Publicada evidência de bebida alcoólica com 9 mil anos de idade

Alguns cervejeiros tentam cultivar essas cepas selvagens, ao passo que outros as evitam porque podem produzir sabores não desejados. Tanto a fabricação de cerveja quanto a de pão produzem álcool, mas, durante a fabricação do pão, o álcool evapora.

É o produto secundário, dióxido de carbono, que dá a textura ao pão – as bolhas ficam presas na massa. As bolhas, é claro, são também a chave para uma boa taça de champanhe. Quando os vinhateiros fabricam espumante, eles deixam que a maior parte das bolhas escape, mas, próximo ao final do processo de fermentação, eles selam as garrafas e prendem as bolhas, criando a pressão que fará a rolha pular. O dióxido de carbono retido em uma garrafa de champanhe, na verdade, se dissolve no líquido para formar ácido carbônico. É só quando ele escapa na efervescência que vira dióxido de carbono outra vez.

Bebidas mortais

Quimicamente, um álcool é uma molécula que contém um grupo OH. O etanol (C_2H_5OH) é muitas vezes considerado sinônimo de álcool puro, mas há muitos outros álcoois. O metanol (CH_3OH) é o mais simples, contendo apenas um único átomo de carbono. É também conhecido como "álcool de madeira", porque pode ser produzido aquecendo-se a madeira na ausência de ar. O metanol é, na verdade, muito mais tóxico do que o etanol e pode provocar morte por envenenamento quando consumido acidentalmente em bebidas alcoólicas. Não há uma maneira fácil de ele ser detectado pelo consumidor, mas é em geral produzido em quantidades muito pequenas nos processos comerciais de fabricação de cerveja. A cerveja caseira ou as bebidas alcoólicas clandestinas são mais perigosas nesse quesito. A substância química mata porque, ao entrar no corpo, é transformada em ácido metanoico – ou ácido fórmico –, uma substância química mais comumente associada a produtos de descamação ou a picadas de formigas. Em 2013, três australianos, segundo notícias, morreram envenenados por metanol depois de beberem grapa feita em casa. Ironicamente, um modo de tratar o envenenamento pelo metanol é beber etanol.

```
      H                        H   H
      |                        |   |
  H — C — O                H — C — C — O — H
      |        \               |   |
      H         H              H   H

    Metanol                     Etanol
```

Álcool e ácido Não se engane pensando que a fermentação só acontece na cerveja e no pão, ou apenas com leveduras (ver "Bactérias do ácido lático", à direita). Antes da geladeira, a fermentação era um modo útil de preservar o peixe. Na Islândia, carne de tubarão seca, fermentada, conhecida como *kaestur hákarl*, ainda é uma iguaria. E é famosa também por ter feito com que o chef celebridade Gordon Ramsay engasgasse. Embora fermentação muitas vezes equivalha a transformar açúcar em álcool, pode também significar transformá-lo em ácido. O chucrute habitualmente comido na Alemanha e na Rússia é um produto fermentado – repolho que foi fermentado por bactérias e preservado pela conservação no ácido que elas produzem.

Nos últimos anos, os alimentos fermentados têm sido associados a inúmeros benefícios à saúde. Estudos vincularam os laticínios fermentados à redução do risco de doença cardíaca, de derrame, de diabetes e de morte. Acredita-se que os micróbios vivos nos produtos fermentados afetem beneficamente as comunidades de bactérias que vivem em nossos intestinos. Oficialmente, no entanto, as diretrizes de saúde são mais cautelosas, e talvez com razão, porque ainda temos muito a aprender sobre o papel das bactérias em nossas entranhas.

Então, embora os alimentos saudáveis de hoje estejam muito distantes do vinho de 9 mil anos atrás, eles têm algo em comum: os micróbios vivos envolvidos na condução das reações químicas que criam o produto final que nos dá água na boca (ou induz ao engasgo).

Bactérias do ácido lático

No iogurte e no queijo, bactérias convertem o açúcar do leite (lactose) em ácido lático. As bactérias responsáveis por essa transformação são conhecidas como bactérias do ácido lático, e têm sido utilizadas há milênios para fermentar nossos alimentos. Uma transformação semelhante ocorre em seus músculos, quando eles metabolizam açúcar sem oxigênio. O acúmulo de ácido lático produz a dolorosa sensação de queimação nos músculos quando fazemos exercícios.

A ideia condensada:
A reação do pão e da bebida alcoólica

15 Craqueamento

Houve uma época em que óleo só servia para ser queimado em velhas lâmpadas fora de moda. Foi um longo caminho desde essa época, e é tudo por causa do craqueamento – o processo químico que separa o óleo cru em muitos produtos úteis e enchem (e poluem) nosso mundo moderno, do petróleo às sacolas de plástico.

É engraçado pensar que nossos carros recebem energia vinda de coisa morta. O petróleo, ou gasolina, é composto basicamente por plantas e animais pré-históricos que foram esmagados embaixo de rochas durante milhões de anos para produzir óleo, e depois retirados por perfuração e transformados em alguma coisa que podemos queimar para converter em energia. A parte desse processo que pode parecer ligeiramente misteriosa para aqueles não familiarizados com a indústria do petróleo é a "transformados em alguma coisa".

O truque químico que transforma a coisa morta que retiramos de sob as rochas – óleo cru – em produtos úteis é chamado craqueamento. Isso é bem mais do que apenas combustível. Muitas das coisas que usamos cotidianamente são, de fato, produtos do craqueamento. Itens feitos de plástico (ver página 162), por exemplo, provavelmente se iniciaram em uma refinaria de petróleo.

Um mundo antes do craqueamento No século XIX, antes de ter sido inventado o craqueamento, o querosene (ver "Combustível de jato", página 64) era um dos únicos produtos úteis do petróleo. As lâmpadas de querosene eram o modo novo e elegante de iluminar as casas, mesmo que resultasse em inúmeros incêndios. O combustível propriamente dito era obtido pela destilação do óleo – aquecido a uma temperatura específica e depois se esperava que a fração querosene fervesse e condensasse. A gasolina estava entre as frações que evaporavam com a fervura muito facilmente, e era muitas vezes jogada nos rios das proximidades porque os refinadores não sabiam o que fazer com ela. As inúmeras possibilidades do óleo cru permaneceriam escondidas, mas não por muito tempo.

linha do tempo

1855	1891	1912	1915
Benjamin Silliman sugere que produtos da destilação do petróleo podem ter valor	Concedida patente russa para o craqueamento térmico	Concedida patente norte-americana para o craqueamento térmico	A National Hydrocarbon Company torna-se Universal Oil Products

Em 1855, um professor de Química norte-americano, Benjamin Silliman, a quem sempre se pedia a opinião em questões de mineração e mineralogia, fez um relatório sobre o "óleo de pedra" de Venango County, na Pensilvânia. Algumas das observações que ele fez em seu documento pareciam profetizar o futuro da indústria petroquímica. Silliman notou que, ao ser aquecido, o óleo de pedra pesado evaporava lentamente em questão de dias, produzindo uma sucessão de frações mais leves que, segundo ele, poderiam se mostrar úteis. Mais tarde, um editor da *American Chemist* comentou que o professor "antecipara e descrevera a maior parte dos métodos que desde então foram adotados" na indústria petroquímica.

> **"... há muito espaço para apoiar a crença de que sua empresa dispõe de uma matéria-prima da qual, por meio de processos simples e nada caros, pode-se fabricar produtos muito valiosos."**
>
> Benjamin Silliman, em relato a seu cliente

O que é o crack? Hoje, as frações mais leves, como a gasolina – as que os refinadores estavam jogando nos rios –, são as que valem mais. O que realmente transformou o óleo de rocha em grande negócio foi a invenção do craqueamento – primeiro, o craqueamento térmico; depois, um novo processo envolvendo vapor e, finalmente, o desenvolvimento do moderno craqueamento catalítico, conduzido por catalisadores sintéticos (ver página 50).

Embora as origens do craqueamento não estejam inteiramente claras, patentes para o processo de craqueamento térmico foram concedidas na Rússia, em 1891, e nos Estados Unidos, em 1912. O termo "craqueamento" é quase uma descrição literal do que acontece no processo químico que ele representa: cadeias mais longas de hidrocarbonetos se quebrando em moléculas menores. O processo de craqueamento permite que produtos coletados a partir da destilação direta sejam talhados para servir às exigências do refinador. Embora seja possível obter gasolina – composta de moléculas com 5 a 10 átomos de carbono – simplesmente destilando óleo, com o craqueamento podemos produzir uma quantidade maior dessa gasolina. A fração querosene, por exemplo, contendo moléculas com 12-16 átomos de carbono, pode ser craqueada para produzir mais gasolina.

1920
O primeiro produto petroquímico, isopropanol, é fabricado pela companhia Standard Oil

1936
A Exxon Mobil Oil (na época Socony Vacuum Oil) e a Sun Oil constroem craqueadores catalíticos

2014
Querosene é fabricado a partir de dióxido de carbono, água e luz do Sol, por meio do processo Fischer-Tropsch

Os primeiros processos de craqueamento produziam muita coca, um resíduo de carbono que tinha de ser retirado a cada dois dias. Quando foi inventado o craqueamento a vapor, o acréscimo de água dava conta da coca, mas os produtos não correspondiam exatamente à qualidade exigida para fazer um motor a petróleo funcionar suavemente. Esse avanço veio com a percepção de que a divisão do petróleo em seus diversos produtos poderia ser intensificada por um catalisador. Inicialmente, os químicos usavam minerais de argila chamados zeólitas, que continham sílica e alumínio, até que descobriram como fazer versões artificiais desses minerais naturais no laboratório.

Combustível de jato

O querosene, ou parafina, é o óleo fino usado para acender as lâmpadas antigas. Em algumas partes do mundo, ainda é empregado na iluminação e no aquecimento, mas um de seus mais importantes usos modernos é no combustível de jatos. Os componentes do querosene são moléculas de hidrocarboneto contendo 12-16 átomos de carbono, tornando-o mais pesado do que a gasolina, menos volátil e menos inflamável. É por isso que é mais seguro queimá-lo em casa. Não é um composto único, mas uma mistura de diferentes compostos de hidrocarbonetos de cadeias normais e estrutura em anel que fervem mais ou menos à mesma temperatura. O querosene é separado do óleo cru por destilação e craqueamento, exatamente como a gasolina, mas, de modo comparativo, as frações de gasolina entram em ebulição e são coletadas a uma temperatura mais baixa. Em 2014, químicos anunciaram que fabricaram combustível de jato – querosene – a partir de dióxido de carbono e água, usando luz do Sol concentrada. A luz solar aquecia o dióxido de carbono e a água a fim de produzir syngas (hidrogênio e monóxido de carbono), que eles transformaram em combustível por meio de uma rota química bem conhecida, chamada processo de Fischer-Tropsch (ver "Combustíveis sintéticos", nas páginas 66 e 202).

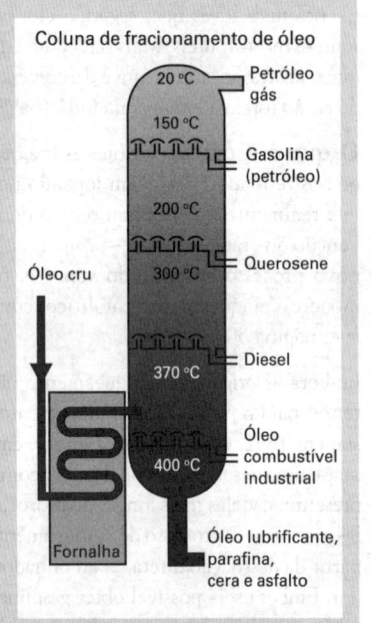

Coluna de fracionamento de óleo

- 20 °C — Petróleo gás
- 150 °C — Gasolina (petróleo)
- 200 °C
- 300 °C — Querosene
- 370 °C — Diesel
- 400 °C — Óleo combustível industrial
- Óleo lubrificante, parafina, cera e asfalto

Óleo cru / Fornalha

Fluido de bombardeiro No craqueamento a vapor, os hidrocarbonetos muitas vezes começam com ligações simples e se quebram em moléculas menores contendo duplas-ligações. Isso fornece ligações de sobra que podem ser usadas para formar novos compostos químicos. Entretanto, com o craqueamento catalítico, os hidrocarbonetos não são apenas quebrados, eles são rearranjados, apresentando ramificações. Os hidrocarbonetos ramificados constituem os melhores combustíveis, porque, num motor de combustão, muitas moléculas normais fazem o combustível "bater" no motor, significando que ele não vai funcionar suavemente.

Pouco antes da Segunda Guerra Mundial, o primeiro craqueador catalítico foi construído em Marcus Hook, na Pensilvânia, dando aos Aliados acesso a combustíveis que a Luftwaffe alemã não tinha. Os 41 milhões de barris de combustível superior para jatos, processados na instalação, supostamente melhoraram a capacidade de manobra dos aviões de combate dos Aliados, dando a eles uma vantagem no ar.

Ao mesmo tempo que o processo catalítico resulta em combustíveis excelentes, é também a chave para a indústria química, produzindo muitas das estruturas básicas que são usadas para construir substâncias químicas globalmente importantes, como o polietileno. Se o petróleo acabar, vamos ter de encontrar meios alternativos para gerar esses produtos. Os produtores já estão se voltando para plantas vivas – em vez das mortas há muito tempo – com o intuito de fabricar substâncias químicas. Uma companhia alemã está vendendo tinta feita de resedá, uma planta aromática usada em perfumes.

> **A torre de Shukhov**
>
> Na rua Shabolovka, em Moscou, encontra-se uma torre de rádio com 160 metros de altura, de projeto intrincado, concebida e construída por Vladimir Shukhov nos anos 1920. Shukhov era uma pessoa notável, construindo o primeiro e o segundo oleodutos da Rússia, além de dar uma mão no projeto de abastecimento hídrico de Moscou. Ele tem o crédito de uma patente inicial para o craqueamento térmico – requerido antes que o processo fosse patenteado pelos grandes rivais dos russos, os americanos. Em 2014, a Torre de Shukhov por pouco escapou da demolição.

A ideia condensada:
Fazendo o petróleo trabalhar para nós

16 Síntese química

Quantos produtos que você usa todos os dias em sua casa contêm compostos sintéticos feitos pelo homem? Ainda que você perceba que remédios e aditivos presentes em muitos dos alimentos que consumimos são produtos da indústria química, você pode não ter pensado a respeito da elasticidade de sua roupa íntima ou do estofo de seu sofá.

Pense em tudo que você está usando agora. Você tem alguma ideia do que são feitas a sua camisa ou a sua roupa de baixo? Examine as etiquetas: O que é viscose? De onde vem o elastano? Agora verifique o armário do seu banheiro. Quais são os componentes de sua pasta de dentes? De seu xampu? E o que dizer do propilenoglicol? Isso fica ainda mais desconcertante quando você começa a abrir os armários da cozinha, retira caixas de remédio (ver página 178) e estuda os ingredientes no verso de uma embalagem de chiclete.

É incrível pensar que muitas das substâncias químicas que compõem nossas roupas, alimentos, produtos de limpeza e remédios foram desenvolvidas por químicos apenas no último século. Essas substâncias químicas sintéticas foram inventadas em um laboratório e são agora fabricadas em escala industrial.

Natural *versus* sintético A viscose, ou raiom, foi a primeira fibra sintética produzida por químicos. Suas fibras formam um tecido macio, parecido com o algodão, que absorve facilmente tingimento, sem mencionar suor. Um processo inicial para fabricá-la foi inventado no fim do século XIX. Na verdade, a viscose não difere muito de um composto natural comum a todas as plantas, a celulose, mas simplesmente não é possível se plantar viscose num campo. A celulose vem de madeira esmagada, à qual são aplicados diversos processos químicos e físicos que a

> **"Sou apenas um cara que veste spandex e vira para a esquerda com muita rapidez"**
>
> Olivier Jean, ganhador de medalha de ouro olímpica em patins de velocidade

linha do tempo

1856	1891	1905	1925
Descoberta do primeiro pigmento sintético pelo químico William Henry Perkin, aos 18 anos de idade	Descoberto um processo para fazer viscose, conhecida antes como seda artificial	O primeiro processo comercial da viscose	Concedida patente para processo de Fischer-Tropsch

transformam em migalhas de celulose amarela, o xantato. O xantato é decomposto por ácido durante a fabricação da viscose, deixando as fibras como as do algodão natural, que é quase celulose pura. A viscose e o algodão são muitas vezes combinados em tecidos.

Qualquer processo que envolva a utilização de reações químicas para fabricar algum produto específico, útil, pode ser chamado de síntese química. Produtos naturais, como a celulose, também são feitos por reações químicas – nesse caso, aproveitadas por plantas –, mas os químicos tendem a pensar neles como produtos de biossíntese (ver página 146).

Algumas vezes as substâncias químicas fabricadas sinteticamente são, na verdade, cópias de compostos produzidos na natureza. Nesses casos, a questão mais comum é baratear o produto ou fabricá-lo em maiores quantidades, em vez de criar algo que funcione melhor do que o produto natural. Afinal de contas, a natureza em geral faz um trabalho bastante bom. Por exemplo, a base do composto químico na droga contra a influenza, Tamiflu, é ácido chiquímico, produzido nas sementes da planta da qual obtemos uma especiaria chinesa, o anis estrelado. Mas como o suprimento de anis estrelado é limitado, há um esforço contínuo por parte dos químicos para elaborar a droga a partir do zero. Já foram relatados vários métodos diferentes, mas cada um precisa ser avaliado em comparação ao custo da extração dos ingredientes iniciais das sementes.

Combustíveis sintéticos

A síntese de Fischer-Tropsch é um processo para se fabricar combustível sintético a partir de diversas reações de hidrogênio e monóxido de carbono. Os dois gases (conhecidos juntos como "syngas") são em geral produzidos pela transformação do carvão em um gás. Isso torna possível criar os combustíveis líquidos que normalmente associaríamos ao petróleo (ver página 158) sem depender do óleo. Na África do Sul, a Sasol vem produzindo "synfuels" a partir do carvão há décadas.

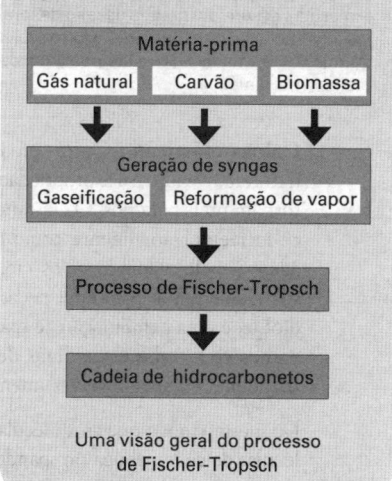

Matéria-prima		
Gás natural	Carvão	Biomassa

Geração de syngas	
Gaseificação	Reformação de vapor

Processo de Fischer-Tropsch

Cadeia de hidrocarbonetos

Uma visão geral do processo de Fischer-Tropsch

1962 — Começam a ser vendidos produtos de Lycra

1985 — Protótipo inicial de uma máquina que sintetiza grandes quantidades de DNA

2012 — O projeto "Dial-a-Molecule" publica seu primeiro guia para a síntese inteligente

A máquina de síntese

Imagine se os químicos não tivessem de passar pelo complicado processo de projetar uma série de reações para fabricar a molécula que eles querem. Imagine se eles pudessem apenas ligar a identidade dessa molécula numa máquina que decidiria a melhor maneira de executar a reação, depois seguiria adiante e a fabricaria. Que revolução seria isso para o planejamento de drogas e novos materiais. Para o DNA, pelo menos, essa máquina já existe. As máquinas de síntese de DNA conseguem produzir extensões curtas de DNA de qualquer sequência desejada. É claro que fazer a mesma coisa para qualquer molécula vai apresentar um desafio maior, sobretudo em termos de poder computacional. Uma máquina de síntese precisará planejar suas rotas sintéticas com base no escaneamento de milhões de reações diferentes numa velocidade relâmpago, e comparar bilhões de caminhos possíveis. Apesar do ceticismo, sérios esforços estão sendo feitos. Por exemplo, uma equipe de pesquisadores britânicos, trabalhando no projeto "Dial-A-Molecule" (Disque uma Molécula), assumiu o grande desafio de tornar a síntese de qualquer molécula "tão fácil quanto discar um número". Outro projeto norte-americano construiu um "Google químico" que conhece 86 mil regras químicas e usa algoritmos para encontrar a melhor rota sintética.

Calças elásticas Outros produtos sintéticos não têm nada a ver com a natureza. De fato, suas propriedades "não naturais" são exatamente o que os tornam úteis para nós. O elastano é um ótimo exemplo. Você pode conhecê-lo melhor atualmente como *Lycra* ou spandex – o tecido elástico que adere à pele, adorado pelos ciclistas. A gigante das roupas Gap mistura spandex e nylon para fazer peças de ioga, enquanto a Under Armour StudioLux é uma combinação de spandex e poliéster. Hoje, não nos impressionamos com todas essas fibras de nomes extravagantes, mas o influxo de spandex no mercado de vestimentas nos anos 1960 foi uma revolução.

Do mesmo modo que as moléculas de celulose nas fibras de algodão, as moléculas de cadeia longa no spandex são polímeros contendo os mesmos blocos químicos repetidos continuamente. A fabricação dos blocos de construção do poliuretano exige um conjunto de reações químicas, enquanto a união deles requer outro. Talvez seja por isso que os cientistas da DuPont levaram algumas décadas para elaborar um processo de fabricação viável. Ao contrário da fibra de algodão, a "fibra K" resultante – como foi chamada inicialmente – tinha algumas propriedades espantosas e valiosas. As fibras de spandex conseguem expandir até seis vezes seu comprimento inicial e voltar à forma de origem. Elas são mais duráveis e suportam maior tensão do que a borracha natural. A DuPont conseguiu um produto de enorme sucesso, e as vestimentas de compressão das senhoras subitamente ficaram muito mais confortáveis.

Espinha dorsal das substâncias químicas Agora pense outra vez no seu guarda-roupa, no seu armário do banheiro e nos seus armários da cozinha. Pense em quantos outros produtos você compra que contêm materiais ou ingredientes que são o resultado de anos ou décadas de pesquisa incansável feita pelos químicos. O número de reações químicas exigidas para encher sua casa de coisas é estonteante.

Muitos produtos da síntese química se baseiam no craqueamento do óleo (ver página 62) como fonte confiável de substâncias químicas úteis. Se você ainda está imaginando o que seja o polipropilenoglicol, é o ingrediente contido no xampu que ajuda seu cabelo a absorver umidade para se manter macio, e é feito com óxido de propileno – criado por uma reação entre a substância química craqueada propileno com cloro. O óxido de propileno é também usado na fabricação de anticongelante e espuma para mobília e colchões. Então, embora você possa nunca ter ouvido falar dele, a demanda anual global por óxido de propileno é maior do que 6 milhões de toneladas, não porque seja especialmente útil em si, mas porque é possível, através de sínteses químicas, usá-lo para fazer inúmeros produtos diferentes do cotidiano.

Do mesmo modo, muitos outros compostos formam os ossos químicos aos quais é acrescentada a carne de cada produto industrial. De medicamentos a pigmentos, de plásticos a pesticidas, de sabões a solventes – é só citar um produto, a indústria química provavelmente está presente em sua fabricação.

A ideia condensada: Fabricação de substâncias químicas úteis

17 O Processo Haber

A descoberta de um processo barato para fazer amônia, por Fritz Haber, foi um dos avanços mais significativos do século XX. A amônia é usada para produzir fertilizantes que ajudaram a alimentar bilhões de pessoas, mas é também uma fonte de explosivos – fato que não passou despercebido por aqueles que estavam comercializando o Processo Haber exatamente quando se iniciava uma guerra mundial.

Henri Louis era filho do engenheiro Louis Le Châtelier. Seu pai, que estava interessado em trens a vapor e produção de aço, convidava muitos cientistas proeminentes para a sua casa. Enquanto garoto pequeno, crescendo na Paris nos anos 1850, Henri Louis foi apresentado a muitos químicos franceses famosos. Ele deve ter sofrido alguma influência deles, porque partiu para se tornar um dos mais famosos químicos de todos os tempos, dando seu nome a uma lei mestra da química, conhecida como o Princípio de Le Châtelier (ver página 41).

O Princípio de Le Châtelier descreve o que acontece em reações reversíveis. Ironicamente, no entanto, ao tentar executar uma das reações reversíveis mais importantes no planeta (ver "A reação para fabricação da amônia", na página 71), Le Châtelier cometeu um deslize. Ele fracassou na experiência que lhe permitiria criar a substância que hoje está no centro de duas indústrias globais: a de fertilizantes e a de armamentos.

Guerra dos nitratos Algumas vezes, os fertilizantes são descritos como contendo "nitrogênio reativo", porque o nitrogênio está sob uma forma em que pode ser absorvido por plantas e animais para uso na fabricação de proteínas. Isso contrasta com todo o nitrogênio inerte (N_2) que flutua na atmosfera terrestre. Mas no início do século XX o mundo havia reconhecido o

linha do tempo

1807	1879	1901	1907
Humphry Davy produz amônia pela eletrólise da água no ar	O Chile declara guerra à Bolívia e ao Peru por causa do salitre	Le Châtelier abandona as tentativas de fazer amônia	Walther Nernst fabrica amônia sob alta pressão

potencial do nitrogênio reativo para os fertilizantes, e começou a importação do mineral natural salitre, ou nitrato de sódio ou potássio ($NaNO_3$/KNO_3), da América do Sul para aumentar a produção da lavoura. Seguiu-se uma guerra por causa de terras ricas em nitrogênio, que foi vencida pelo Chile.

Enquanto isso, na Europa, havia a necessidade urgente de se garantir uma fonte abundante de amônia no solo local. A transformação do N_2 comum em formas reativas como a amônia (NH_3) – "fixando" nitrogênio –, requeria muita energia e era um processo caro. Na França, Le Châtelier abordou o problema tomando seus dois componentes – nitrogênio e hidrogênio – e fazendo-os reagir sob alta pressão. Essa experiência explodiu e ele escapou por pouco de matar seu assistente.

> **A reação para fabricação da amônia**
>
> A reação reversível para se fazer amônia é:
>
> $$N_2 + 3 H_2 \rightleftharpoons 2 NH_3$$
>
> Trata-se de uma reação de oxirredução (ver "Oxirredução", página 54). Além disso é uma reação exotérmica, significando que perde energia para o seu entorno e não precisa de muito calor para prosseguir. Ela pode continuar muito alegremente a baixas temperaturas. No entanto, a produção de quantidades industriais de amônia exige calor. Embora uma temperatura mais alta empurre o equilíbrio (ver "Equilíbrio", página 38) ligeiramente para a esquerda, favorecendo nitrogênio e hidrogênio, a reação prossegue muito mais rapidamente, significando que maior quantidade de amônia pode ser fabricada em menos tempo.

Algum tempo mais tarde, Le Châtelier descobriu que esse arranjo tinha permitido que oxigênio do ar entrasse na mistura. Ele chegara bastante perto de sintetizar amônia, mas é o nome de um cientista alemão, Fritz Haber, que agora associamos à reação para a fabricação da amônia. No início da Primeira Guerra Mundial, a amônia tinha se tornado importante por um outro motivo: podia ser usada para se fazer os explosivos nitroglicerina e trinitrotolueno (TNT). A amônia que a Europa precisava como fertilizante estava logo sendo consumida pelo esforço de guerra.

O Processo Haber Não fosse pela explosão quase mortal, Le Châtelier poderia nunca ter abandonado seu trabalho com amônia. O Processo Haber – como ficou conhecido – chegou a fazer uso das teorias do próprio Le Châtelier. A reação importante na síntese da amônia forma um equilíbrio entre os dois reagentes (nitrogênio e hidrogênio) e o produto (amônia). Como previsto pelo Princípio de Le Châtelier, a remoção de parte do produto perturba o *status quo* e encoraja o equilíbrio a trabalhar para se reestabelecer. Desse modo, no Processo Haber a amônia é constantemente retirada para estimular ainda mais a produção de amônia.

Nitrogênio fixado naturalmente

O salitre é um mineral que ocorre naturalmente contendo nitrogênio sob uma forma reativa ou "fixa". Antes do advento do Processo Haber, outra principal fonte de nitrogênio reativo era o guano peruano – excremento coletado das aves marinhas que fazem ninho no litoral do Peru. No final do século XIX, a Europa estava importando os dois produtos, salitre e guano, como fertilizantes. Há outros modos de se fixar o nitrogênio. Raios convertem pequenas quantidades do nitrogênio no ar em amônia. Processos inicias para se fazer amônia imitavam esse processo usando eletricidade, mas eram caros demais. Certas bactérias que vivem em nódulos de plantas leguminosas como trevos, ervilhas e feijões também fixam nitrogênio. Por esse motivo, agricultores muitas vezes praticam a rotação de culturas para repor os nutrientes retirados do solo e torná-lo mais fértil para a safra do ano seguinte. A plantação de trevo amarelo (*Melilotus officinalis*) dá a eles um "crédito de nitrogênio", significando que não vão precisar aplicar tanto fertilizante no ano seguinte.

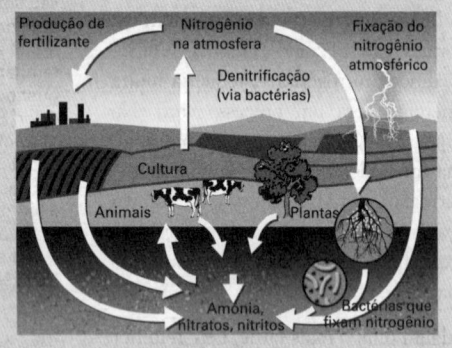

Haber usou um catalisador de óxido de ferro para acelerar sua reação. Aqui fica claro, outra vez, que Le Châtelier não estava muito longe da marca. Em um livro publicado em 1936, ele escreveu que tentou usar ferro metálico. Haber foi também inspirado pela obra do teórico da termodinâmica Walther Nernst, que já tinha produzido amônia em 1907. Mas Haber é quem seria recompensado por seus esforços. Depois de ter obtido as primeiras gotas de amônia a partir de sua experiência de bancada em 1909, seu colega Carl Bosch ajudou a comercializar o processo (algumas vezes conhecido como Processo Haber-Bosch). Cerca de uma década mais tarde, Haber ganharia o Prêmio Nobel de Química, mais essa viria a ser uma decisão controversa.

Diz-se que o nitrogênio usado para fabricar fertilizantes dobrou a produção da lavoura. No século que se seguiu à descoberta de Haber, até quatro bilhões de pessoas foram alimentadas por produtos cultivados segundo o modo mais eficiente e barato de fabricar amônia, saudada com "pão vindo do ar". Mas ainda que Le Châtelier possa ter desejado desesperadamente que a síntese da amônia tivesse sido uma descoberta sua, ele pelo menos conseguiu preservar sua reputação.

> **"Deixei a descoberta da síntese da amônia escapar das minhas mãos. Foi o maior fiasco da minha carreira científica."**
>
> Henri Louis Le Châtelier

Houve mais de 100 milhões de mortes em conflitos armados durante o século XX, e o Processo Haber teve participação na maior parte delas.

Haber não fez propriamente um favor a si mesmo. Ele idealizou um ataque com o gás cloro que matou milhares de soldados franceses em Ypres, em abril de 1915. A mulher dele, que suplicou para que ele desistisse de seu trabalho com armas químicas, se matou com um tiro poucos dias mais tarde. Haber pode ter ganho um Prêmio Nobel, mas não é exatamente lembrado com carinho. Le Châtelier, por sua vez, é lembrado por seus esforços mais nobres para explicar os princípios que regulam o equilíbrio químico.

A amônia ainda é produzida em grandes quantidades. Em 2012, mais de 16 bilhões de quilos foram fabricados só nos Estados Unidos. Os cientistas ainda estão trabalhando para compreender o impacto de todo esse nitrogênio reativo que flui das fazendas para os rios e lagos.

A ideia condensada: Química que determina vida e morte

18 Quiralidade

Duas moléculas podem parecer quase idênticas, mas se comportam de maneira absolutamente distinta. Essa curiosa peculiaridade da química é toda atribuída à quiralidade – a ideia de que algumas moléculas têm imagem especular, ou versões canhotas e destras. Isso implica que para cada quiral químico há uma versão que funciona como deveria e outra que funciona de modo inteiramente diferente.

Junte as mãos como se estivesse rezando – não para fazer uma oração, mas para que possa apreciar a assimetria delas. Sua mão esquerda é a imagem especular de sua mão direita – você pode achar que elas são exatamente iguais, mas na verdade são opostas. Não importa quanto tente, você não consegue arrumar sua mão esquerda de modo que ela fique rigorosamente como a direita. Mesmo que a medicina moderna conseguisse executar transplantes perfeitos de mãos, você não poderia trocá-las e fazer que funcionassem da mesma maneira.

Algumas moléculas são como as mãos. Elas têm versões especulares que não podem ser sobrepostas. Todos os mesmos átomos estão presentes e, superficialmente, a estrutura parece a mesma. Mas uma versão é um reflexo da outra. O termo técnico para essas versões canhota e destra é enantiômeros. Qualquer molécula que tenha enantiômeros é chamada de quiral.

Qualquer pessoa canhota que tenha tentado usar um par de tesouras destras pode ter uma ideia da importância desse fato. A diferença entre dois enantiômeros de uma molécula pode ser a diferença entre uma substância química executando a tarefa para a qual foi destinada... e não a executando. Combustíveis, pesticidas, drogas e até as proteínas em seu corpo são moléculas quirais.

Versões boas e versões más Há todo um ramo da química dedicado a elaborar substâncias químicas quirais que tenham a "orientação" correta.

linha do tempo

1848	1957	1961
Louis Pasteur descobre a quiralidade no tartarato amoniacal de sódio	A talidomida é lançada pela primeira vez na Alemanha	A talidomida começa a ser retirada do mercado

Essencialmente, o objetivo de se produzir uma substância química comercial é produzi-la em quantidade suficiente para se ter lucro. Então, se as reações para uma nova droga, digamos, resultam numa mistura de moléculas canhotas e destras, mas apenas a versão canhota funciona, a reação pode ser mais otimizada.

Mais da metade das drogas que fabricamos hoje são compostos quirais. Embora muitos sejam produzidos e vendidos como misturas contendo os dois enantiômeros, um dos enantiômeros em geral funciona melhor. Betabloqueadores, que são usados para tratar hipertensão arterial e problemas do coração, são um ótimo exemplo. Em alguns casos, no entanto, o enantiômero "errado" pode ser nocivo.

Não pode haver um exemplo mais chocante de um enantiômero "ruim" do que a talidomida, uma droga notória por seu efeito em bebês no útero. A droga, prescrita como sedativo quando foi lançada, nos anos 1950, foi logo ministrada a mulheres grávidas para ajudá-las a lidar com o enjoo matinal. Infelizmente, sua versão especular era um composto que provocava defeitos no feto. Calcula-se que mais de 10 mil bebês tenham nascido com deficiências devido aos efeitos da talidomida. Ainda hoje há batalhas jurídicas em andamento entre fabricantes e consumidores prejudicados pela droga.

> **Misturas racêmicas**
>
> Misturas feitas de moléculas canhotas e destras em quantidades mais ou menos iguais são chamadas de misturas racêmicas. Algumas vezes essas misturas são chamadas de "racemização". Então, quando algumas das moléculas da droga talidomida mudam de seu único enantiômero para formar uma mistura, diz-se que elas são "racemizadas".

Criando imagens especulares As tentativas de se fazer talidomida contendo apenas a versão boa fracassaram, pois ela é capaz de mudar entre enantiômeros dentro do corpo (ver "Misturas racêmicas", acima), resultando numa mistura das versões boa e ruim.

Alguns compostos podem ser separados de suas contrapartes quirais, e é também possível fixar reações de modo que os produtos contenham apenas um único enantiômero. Em 2001, dois químicos norte-americanos e um japonês dividiram o Prêmio Nobel de Química por seu trabalho sobre catali-

1980	2001	2012
É introduzido o termo "EPC-synthesis" (compostos enantiomericamente puros)	Prêmio Nobel de Química concedido pela síntese assimétrica de drogas	Análise de fragmentos de meteoritos do Lago Tagish, no Canadá, encontra excesso de aminoácidos canhotos

Como você sabe se um composto é quiral?

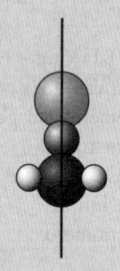

Duas moléculas que são feitas dos mesmos átomos – mas dispostas em ordem diferente – são chamadas isômeros. Mas nos compostos quirais, os dois isômeros têm todos os seus átomos dispostos na mesma ordem. São praticamente iguais sob todos aspectos, exceto por serem reflexos um do outro. Então, como você pode olhar para uma molécula e dizer se ela é ou não quiral? A resposta para isso é que uma molécula quiral não tem plano de simetria. Se você conseguir traçar uma linha imaginária pelo centro da molécula e combinar os dois lados – algo como o recorte de um floco de neve de papel –, então não é um quiral. Lembre-se, no entanto, que as moléculas são objetos de três dimensões, de modo que não é assim tão fácil quanto parece traçar uma linha pelo centro dela. Na verdade, pode ser muito difícil dizer se uma molécula é quiral simplesmente olhando para a estrutura dela no papel. Para moléculas complexas, pode ajudar construir um modelo 3-D usando palitos e pequenas porções de argila de modelagem. (Ver também "Açúcares e estereoisômeros", página 139.)

Plano de simetria   Sem qualquer plano de simetria nessa molécula

sadores quirais – que eles usaram para elaborar compostos quirais, inclusive drogas. O prêmio foi parcialmente concedido a William Knowles por projetar reações que produziam apenas a versão "boa" de uma droga para o tratamento de Parkinson, chamada dopa. Como a talidomida, seu enantiômero é tóxico.

Nas últimas décadas, as autoridades que aprovam drogas ficaram mais atentas em relação aos problemas potenciais com os enantiômeros. As indústrias de medicamentos costumavam produzir drogas contendo misturas de moléculas canhotas e destras, considerando indesejáveis as versões especulares menos eficazes. Agora elas tentam fabricar drogas contendo apenas enantiômeros únicos.

A vida só usa uma das mãos A natureza, no entanto, faz as coisas de modo diferente. Quando os químicos elaboram compostos quirais em laboratório, eles muitas vezes formam uma quantidade aproximadamente igual de moléculas canhotas e destras. Mas as moléculas biológicas seguem um padrão previsível de orientação. Os aminoácidos, que são os tijolos de construção das proteínas, são mais notadamente canhotos, ao passo que os açúcares são destros. Ninguém sabe com exatidão por que isso acontece, embora pesquisadores que estudam as origens da vida na Terra tenham teorias diferentes a esse respeito.

Alguns cientistas sugeriram que as moléculas trazidas inicialmente por meteoritos à Terra poderiam ter dado um empurrãozinho à vida no planeta, para a direita ou para a esquerda. Sabe-se que meteoritos se chocaram com a Terra carregando aminoácidos, de modo que é possível que qualquer ligeiro excesso nas moléculas canhotas do meteorito tenha sido absorvido por compostos orgânicos presentes nos mares primordiais, exatamente quando as moléculas de vida estavam se formando. Seja lá o que aconteceu, parece provável ter havido alguns desequilíbrios entre moléculas canhotas e destras, que foram ampliados com a passagem dos anos. Decerto não podemos voltar no tempo para examinar essa teoria, por isso não podemos dizer com certeza que a orientação para um determinado lado não tenha se desenvolvido mais tarde, quando a vida já tinha se tornado mais complexa.

A quiralidade em moléculas biológicas não é apenas uma curiosidade. Ela nos leva de volta à nossa compreensão de compostos quirais sintéticos e de suas ações como drogas. As drogas funcionam interagindo com moléculas biológicas no nosso corpo. Para que uma droga tenha qualquer efeito, ela primeiro tem de se ajustar. Pense nela como uma mão deslizando para dentro de uma luva – só a luva esquerda entra facilmente na mão esquerda.

> **"A quiralidade prendeu a atenção de Alice enquanto ela refletia sobre o mundo macroscópico que vislumbrava através do espelho..."**
> **Donna Blackmond**

A ideia condensada:
Moléculas especulares

19 Química verde

As últimas décadas assistiram ao surgimento da química verde – uma abordagem mais sustentável de se fazer ciência, que reduz rejeitos e encoraja os químicos a serem mais inteligentes a respeito de como projetam as suas reações. E tudo começou quando os tratores chegaram a um quintal em Quincy, Massachusetts.

Paul Anastas cresceu em Quincy, Massachusetts, nos Estados Unidos, onde a casa de seus pais oferecia – na época – uma vista dos pântanos de Quincy. Essa vista foi destruída pelos grandes negócios e pelas grandes construções de vidro, inspirando Anastas a escrever um ensaio a respeito dos pântanos que lhe rendeu um Prêmio de Excelência do presidente, aos 9 anos de idade. Cerca de duas décadas mais tarde, após obter seu PhD em química orgânica, ele começou a trabalhar na Agência de Proteção Ambiental dos Estados Unidos (EPA), e foi aí que escreveu seu manifesto a favor de um novo tipo de química mais inteligente, mais verde. Posteriormente ele viria a ser conhecido entre os químicos como o "pai da química verde".

Aos 28 anos de idade, Anastas formulou o conceito de "química verde", que consistia em reduzir o impacto ambiental das substâncias químicas, dos processos químicos e da química industrial. Como? Basicamente encontrando modos mais inteligentes, mais ambientalmente amigáveis de se fazer ciência, diminuindo os rejeitos e reduzindo a quantidade de energia que os processos químicos precisavam consumir. Ele sabia que esse conceito não seria bem aceito na indústria, então o vendeu sob o argumento de que trabalhar de modo mais inteligente significaria trabalhar de modo mais barato.

Os 12 princípios da química verde Em 1998, junto com o químico da Polaroid John Warner, Anastas apresentou seus 12 Princípios da Química Verde. Em essência eles são:

1. Produzir o mínimo de rejeito possível

linha do tempo

1991	1995	1998
Paul Anastas cunha a expressão "química verde"	É criado o Presidential Green Chemistry Challenge	Anastas e John Warner publicam *Green Chemistry: theory and practice* (*Química Verde:* teoria e prática)

Dessalinização verde

O crescimento populacional e a seca são indicativos de que a água está se tornando mais escassa. Muitas cidades pelo mundo afora têm estações de dessalinização com o intuito de que parte de sua água potável possa vir da extração do sal da água do mar. Mas a retirada do sal é um processo que requer muita energia, baseado em forçar a água através de uma membrana fina contendo orifícios minúsculos. A técnica é chamada osmose reversa. A fabricação das membranas especializadas empregadas na osmose reversa muitas vezes envolve uma série de substâncias químicas, inclusive solventes. Em 2011, um dos ganhadores dos prêmios Presidential Green Challenge foi uma companhia que desenvolveu um modo de fabricar novas membranas de polímeros baratas, que podiam ser feitas com menor quantidade de substâncias químicas nocivas. As membranas NEXAR, da Kraton, são também destinadas a economizar energia nas estações de dessalinização, e poderiam, potencialmente, cortar à metade os custos com energia.

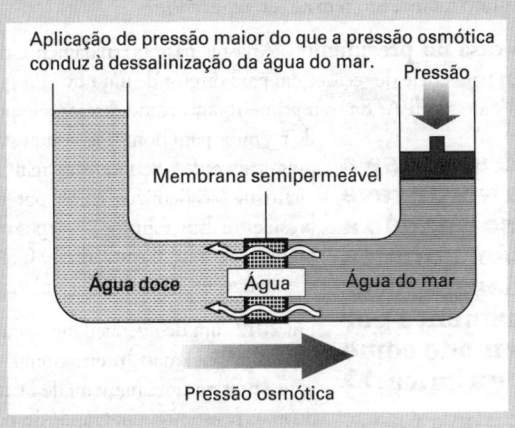

Aplicação de pressão maior do que a pressão osmótica conduz à dessalinização da água do mar.

Pressão

Membrana semipermeável

Água doce | Água | Água do mar

Pressão osmótica

2. Projetar processos químicos que façam uso de cada molécula que você puser neles
3. Não usar reagentes nocivos; não produzir produtos secundários nocivos
4. Desenvolver novos produtos menos tóxicos
5. Usar solventes mais seguros, e menor quantidade deles
6. Ser eficiente em energia

2011
O mercado para a química verde alcança 2,8 bilhões de dólares.

2020
Ano previsto para o mercado de química verde alcançar 98,5 bilhões de dólares

7. Usar matérias-primas que possam ser substituídas
8. Projetar reações que produzam apenas as substâncias químicas que você precisa
9. Fazer uso de catalisadores para aumentar a eficiência
10. Desenvolver produtos que se degradem com segurança na natureza
11. Monitorar reações para evitar desperdício e produtos secundários perigosos
12. Escolher abordagens que minimizem acidentes, incêndios e explosões

Os 12 Princípios dizem respeito a ser mais eficiente com aquilo que se usa e cria, e a valorizar as substâncias químicas que são menos perigosas para as pessoas e para o meio ambiente. Bom senso, você pode pensar. Mas para uma indústria química, que vem fazendo as coisas de modo bem diferente há muito tempo, isso tem de ser explicado.

Na casa do presidente Anastas passou rapidamente de humilde químico para chefe de seção e daí para diretor de um novo Programa de Química Verde na EPA. Em seu primeiro ano como diretor, ele propôs uma série de prêmios para honrar as conquistas no campo da química verde – conquistas realizadas tanto por cientistas acadêmicos como por companhias. O presidente Bill Clinton, em pessoa, endossou os prêmios como Presidential Green Chemistry Challenge, eles ainda estão a pleno vapor.

> **"Vamos saber se a química verde teve sucesso quando a expressão 'química verde' desaparecer simplesmente por ser o modo como fazemos química."**
>
> Paul Anastas,
> citado no *New York Times*.

Em 2012, um dos vencedores foi uma companhia chamada Buckman International, cujos químicos apresentaram uma maneira de fazer papel reciclado mais resistente sem grande desperdício de substâncias químicas e energia. Tendo em mente o artigo nove da lista de Anastas e Warner, eles adotaram enzimas – catalisadores biológicos – para conduzir reações que produzem fibras de madeira com a estrutura rigorosamente certa. Eles avaliaram que as enzimas poderiam fazer uma única fábrica de papel economizar um milhão de dólares por ano, apoiando a teoria de que trabalhar de modo mais inteligente significa trabalhar mais barato.

Outros prêmios foram concedidos a técnicas verdes de produzir cosméticos, combustíveis e membranas que purificam água salgada. Enquanto isso, Anastas foi cooptado pelo próprio Clinton e começou a trabalhar com políticas ambientais no Departamento de Ciência e Tecnologia da Casa Branca. De ganhador do prêmio presidencial, aos 9 anos de idade, ele passou a criador do seu próprio prêmio presidencial e a funcionário na Casa Branca, e tinha apenas 37 anos de idade.

Futuro verde De acordo com os números da própria EPA, a quantidade de rejeitos químicos perigosos produzidos nos Estados Unidos caiu de 278 milhões de toneladas em 1991 – quando Anastas cunhou a expressão "química verde" – para 35 milhões de toneladas em 2009. As companhias estão começando a dar maior atenção a seu impacto no ambiente. Mas não vamos nos entusiasmar – Anastas se deu muito bem, apresentou algumas ideias ótimas e alcançou a Casa Branca, mas os problemas das indústrias não foram resolvidos num só golpe. Longe disso. Muitas substâncias químicas importantes que formam a base de produtos cotidianos ainda são feitas pelo refino de petróleo, que não é uma fonte renovável e pode ser altamente poluente. Há muito mais a ser feito.

> **Economia de átomo**
>
> Os princípios da química verde se referem a um conceito de "economia de átomo" que não foi desenvolvido por Anastas e Warner, mas por Barry Trost, da Universidade de Stanford. Para qualquer reação, você pode calcular o número total de átomos nos reagentes e comparar com o número total de átomos (estimados) nos produtos. Essa proporção diz quão econômico você foi em seu uso dos átomos. Na química verde, cada átomo conta.

A química verde ainda é um campo novo. Espera-se que cresça rapidamente – segundo algumas estimativas, para algo em torno de 100 bilhões de dólares até o final da década. Mas Anastas não estará satisfeito até ter pintado a indústria química inteira de verde. Em uma entrevista ao principal periódico científico do mundo, *Nature*, em 2011, Anastas disse que em vinte anos seu objetivo supremo para a química é que ela adote completamente os princípios da química verde. Quando essa meta for alcançada, a expressão "química verde" deixará de existir por completo – química verde será simplesmente química.

A ideia condensada: Química que não prejudica o ambiente

20 Separação

Seja a separação dos grânulos de café da sua bebida matinal, do perfume de jasmim de suas flores ou da heroína do sangue numa cena de crime, há poucas técnicas mais úteis na química do que as que separam uma substância de outra. Em holandês, química é traduzida como "a arte da separação".

Em todos os programas de detetive na tevê há uma parte em que a equipe forense se agita e assume a cena do crime. Não vemos o que eles fazem. Não sabemos o que está acontecendo no laboratório, ao fundo. Tudo o que sabemos é que eles chegam em seus trajes de cena de crime, descartáveis e finíssimos, e, poucos minutos mais tarde, o inspetor detetive está lendo os resultados numa folha de papel. Crime resolvido.

Seria realmente interessante conhecer o tipo de trabalho que foi feito no departamento forense. Uma das coisas em que os cientistas forenses são especialistas é separação química. Imagine que eles voltam de uma cena de crime especialmente ruim. Sangue espalhado por toda parte e evidência de consumo de drogas. Uma das coisas que precisam fazer é determinar quem estava consumindo quais drogas. Eles têm as amostras de sangue, mas como retiram as drogas delas para que possam descobrir de quem são? O problema com o qual eles realmente estão lidando é uma versão muito mais complicada de apanhar clipes de papel numa tigela de arroz. Nesse caso, as duas substâncias estão molhadas e não podem ser separadas com a mão.

Cromatografia O que os detetives forenses vão usar, invariavelmente, é algum tipo de técnica de cromatografia. Em essência, eles vão tentar fazer com que a droga grude em alguma coisa; a ideia é que a droga seja atraída para qualquer material "grudento" enquanto o sangue escorre. É um pouco como usar um ímã para retirar os clipes de papel da tigela de arroz. Na terminologia forense, a droga, ou o clipe, é o analito – a coisa que está sendo analisada.

linha do tempo

Egito antigo	1906	1941
Extração de odores das flores usando gordura	Primeiro artigo publicado sobre técnicas cromatográficas	Marin e Synge inventam a cromatografia de partição

Perfume e tinta Em princípio, qualquer cromatografia moderna é bastante similar às técnicas de separação usadas há séculos na indústria, como em perfumarias. O material grudento não tem de ser sólido. Quando os perfumistas extraem o odor do jasmim das flores de jasmim, por exemplo, eles usam substâncias químicas líquidas, como o hexano. O ponto importante é que os compostos do odor têm uma afinidade maior com o líquido do que outros compostos nas flores.

Eletroforese

A eletroforese cobre uma série de métodos usados para separar moléculas, como proteínas e DNA, utilizando eletricidade. As amostras são acrescentadas a um gel ou a um fluido e as moléculas se separam de acordo com suas cargas superficiais – as moléculas carregadas negativamente se movem na direção do eletrodo positivo, enquanto as moléculas com carga positiva vão para o eletrodo negativo. Moléculas menores se movimentam mais rapidamente porque enfrentam menos resistência, de modo que os componentes são também separados pelo tamanho.

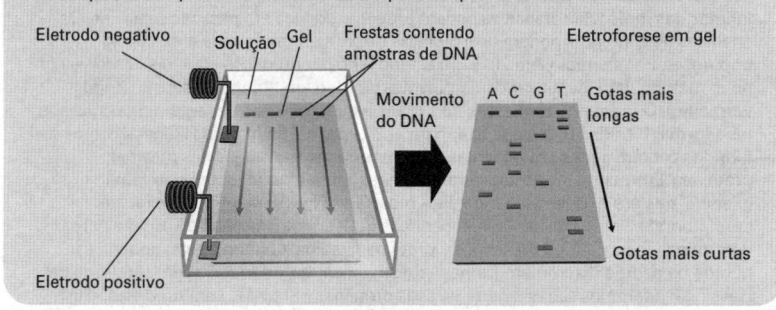

Eletrodo negativo — Solução — Gel — Frestas contendo amostras de DNA — Eletroforese em gel — Movimento do DNA — A C G T — Gotas mais longas — Gotas mais curtas — Eletrodo positivo

A maior parte de nós conhece a cromatografia porque na escola recebemos pedaços de papel para separar tintas ou pigmentos coloridos diferentes – nossos analitos. Dois pigmentos distintos vão ter interações diferentes como o papel, e então acabam formando pontos separados de cores diferentes. O termo "cromatografia" propriamente dito significa "escrever com cor". Um dos primeiros cientistas a trabalhar com técnicas cromatográficas, nos anos 1900, foi um botânico, que usou papel para separar pigmentos coloridos de plantas. Foi só em 1941, no entanto, que Archer Martin e Richard Synge

1945
Evika Cremer e Fritz Prior desenvolvem a cromatografia de gás

1952
Concedido a Martin e Synge o Prêmio Nobel de Química

1970
Csaba Horváth cria a HPLC – primeiro, cromatografia líquida de alta pressão; depois, cromatografia líquida de alto desempenho
1990 – Primeiro relato sobre eletroforese no sequenciamento do DNA

combinaram métodos de extração líquido-líquido, como os usados em perfumaria e cromatografia, e inventaram a moderna "cromatografia de partição", usando um gel para separar aminoácidos.

Embora seja verdade que a cromatografia tem algumas similaridades com a extração, hoje a maior probabilidade é de que a técnica seja usada pelos nossos cientistas forenses, pois consegue separar melhor as pequenas quantidades de substâncias químicas – drogas, explosivos, resíduos de incêndios ou outros analitos.

Separando o trigo da farinha

Métodos de separação são comuns na indústria de análise de alimentos. Há companhias que ajudam os fabricantes de alimentos a identificar substâncias químicas e outros corpos estranhos que se misturaram a seus produtos, e encontrá-los envolve separá-los de outros ingredientes. Um problema é a contaminação de produtos que são vendidos como livres de glúten, de trigo ou de lactose. Até mesmo quantidades ínfimas das moléculas ofensivas podem provocar doença em pessoas sensíveis. Os analistas de alimentos podem usar técnicas de cromatografia para encontrar impurezas. Por exemplo, em 2015 um estudo feito por químicos alemães descreveu um novo método para identificar contaminantes de trigo em farinha de espelta (trigo vermelho). O problema com esses dois grãos é que eles são frequentemente cruzados para formar híbridos trigo/espelta. Em geral, a espelta é de mais fácil digestão, mas os híbridos contêm genes provenientes de ambos e formam muitas das mesmas proteínas. Entretanto, os pesquisadores conseguiram identificar uma proteína, gliadina, que era exclusiva do trigo. Eles mostraram que seria possível executar cromatografia líquida de alto desempenho (HPLC) em uma farinha de espelta para determinar se havia trigo presente – a proteína gliadina, contaminante, poderia ser notada no padrão do cromatograma. A mesma técnica poderia também ser usada para classificar diferentes safras a partir de suas proteínas parecidas com trigo e espelta.

Seguindo em frente   Na experiência com tinta da escola, há uma fase chamada estacionária, que é o papel (o "magneto" ou material grudento), e uma fase móvel, que é a tinta, porque se move sobre o papel. Embora os laboratórios forenses de hoje sejam mais *hi-tech*, essas fases ainda recebem os mesmos nomes. Duas técnicas muito amplamente usadas são a cromatografia de gás e a cromatografia líquida de alto desempenho (HPLC), que utiliza altas pressões; as duas vão separar drogas, explosivos e resíduos de incêndio. Elas podem até ser acopladas diretamente a espectrômetros de massa (ver página 86), que podem ajudar as equipes forenses a identificar exatamente as substâncias químicas em questão. A "assinatura" molecular do analito pode ser reconhecida, como a heroína, por exemplo.

Para confirmar a identidade da pessoa com heroína no sangue, os cientistas forenses podem também usar eletroforese capilar (ver "Eletroforese", ver página 83), outra técnica de separação comum. Aqui a eletricidade força o

DNA (o analito) a se mover através de canais minúsculos, separando num padrão diferente dependendo do perfil de DNA da pessoa. O perfil, ou "impressão digital do DNA", pode ser verificado em contraposição a uma amostra de referência, por exemplo, do sangue ou do cabelo. A verdadeira habilidade do cientista forense é decidir que técnicas usar e como melhor combiná-las. O resultado final pode ser a detecção de heroína, mas talvez seja necessário adotar diversos passos de separação para se chegar a um ponto em que a droga venha a ser detectada.

Outras técnicas de separação É claro que os cientistas forenses não são os únicos a usar técnicas de separação, mesmo que eles pareçam ser os mais charmosos. Separações são os métodos analíticos padrão. Outras técnicas que merecem uma menção são a boa e velha destilação, que separa líquidos com base em seus pontos de ebulição (ver página 62), e a centrifugação, que usa uma máquina centrífuga para rodar e separar partículas com base em suas diferentes densidades. Você pode estar começando a perceber um padrão aqui: todas as separações químicas funcionam simplesmente aproveitando as propriedades diferentes das substâncias químicas que elas tentam separar. Para um exemplo final, pense num filtro de café de papel, que fisicamente separa do café líquido os grânulos sólidos de café – uma separação baseada nos estados. A filtração é também uma técnica comum nos laboratórios de química, embora os químicos possam usar vácuo e bombas para ajudar no processo. Há outros métodos de laboratório que revelam aos químicos os constituintes de misturas e compostos.

> **"Mesmo hoje, na Holanda, a química é chamada 'scheikunde', ou 'a arte da separação'."**
> Professor Arne Tiselius,
> membro do Comitê do Nobel de Química (1952)

A ideia condensada:
O que as histórias de detetive não ensinam

21 Espectros

Para a maior parte de nós, espectros são desconcertantes gráficos pontiagudos ou irregulares que aparecem na seção de resultados nos artigos científicos. Mas para o observador treinado, esses padrões revelam os detalhes intrincados da estrutura molecular de um composto. Um dos métodos usados para criar essas imagens é também a base de uma técnica fundamental no diagnóstico e no tratamento do câncer: o escaneamento por ressonância magnética (MRI).

Quando uma pessoa com tumor cerebral vai fazer um MRI – exame de imagem por ressonância magnética –, pede-se a ela que se deite dentro de uma máquina contendo um ímã muito poderoso enquanto esse equipamento cria uma imagem do cérebro dela. Essa imagem permitirá distinguir o tumor dos tecidos circundantes, e será usada para definir a decisão de um médico quanto a operar o paciente e como fazê-lo. Efetivamente, a máquina de MRI entra na cabeça do indivíduo sem jamais causar qualquer dor ou provocar dano interno. Tudo o que ele tem de fazer é se deitar, imóvel, para não perturbar a imagem.

Muitas vezes é necessário enfatizar o fato de que a MRI não causa dano. Um dos motivos para isso é que ela descende diretamente da ressonância magnética nuclear (NMR), e qualquer coisa associada com a palavra "nuclear", compreensivelmente, assusta as pessoas. Seja com MRI, seja com NMR, o trabalho é baseado em uma propriedade natural de determinados átomos: o núcleo deles funciona como ímãs minúsculos. Quando um campo magnético potente é aplicado, ele afeta o comportamento dos núcleos. Ao ajustar esse comportamento usando as ondas de rádio, uma máquina de NMR é capaz de extrair informações a respeito do ambiente dos núcleos, e uma máquina de MRI pode extrair informações sobre o cérebro de um paciente.

Da NMR à MRI Paul Lauterbur, o químico que teve um papel instrumental tão grande no desenvolvimento da MRI – e recebeu um Prêmio

linha do tempo

1945	1955	1960
Edward Purcell e Felix Bloch, de forma independente, descobrem o fenômeno da NMR	William Dauben e Elias Corey usam NMR para descobrir estruturas moleculares	Primeira NMR comercialmente bem-sucedida, a Varian A-60

Nobel em 2003 por seus esforços – era originalmente um especialista em NMR. Ele aprendeu a técnica no Mellon Institute Laboratories nos anos 1950, enquanto estudava para o seu PhD, e continuou trabalhando com isso durante um breve período no exército norte-americano. Supostamente, ele era a única pessoa que sabia como operar a nova máquina de NMR do Army Chemical Center. Foi por essa época que a primeira máquina comercial de NMR – a Varian A-60 – foi desenvolvida pela Varian Associates. Ela iria logo encontrar uso mais amplo na medicina.

Testes em recém-nascidos

A espectrometria de massa é uma das técnicas usadas para analisar substâncias químicas no sangue de bebês recém-nascidos; ela pode identificar moléculas indicadoras de doenças hereditárias. Por exemplo, altos níveis de um aminoácido chamado citrulina sugere que o bebê pode ter uma doença hereditária denominada citrulinemia, fazendo com que toxinas se acumulem no sangue e podendo levar a vômitos, convulsões e supressão do crescimento. Envolvida em processos metabólicos, a citrulina é também um marcador útil para artrite reumatoide. A citrulinemia é rara, mas pode rapidamente se tornar letal se não for tratada logo no início. A espectrometria de massa é um método muito ágil e acurado para a análise das amostras. Pode também ser usada simultaneamente para detectar diversos compostos diferentes de uma só vez, de modo que a mesma amostra pode ser usada para testar diversas de doenças

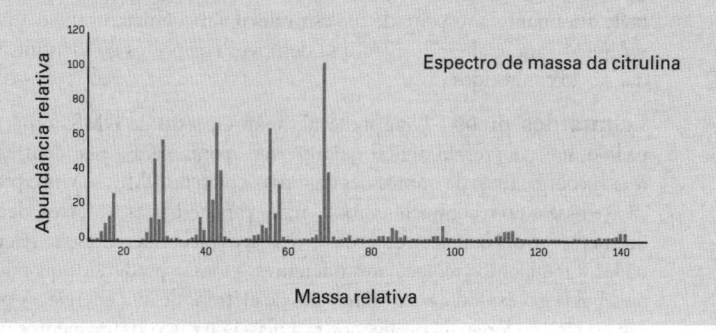

Espectro de massa da citrulina

Abundância relativa vs Massa relativa

O elemento usado com maior frequência para produzir espectros NMR era o hidrogênio, que está presente na água – portanto, também no plasma do

1973
Paul Lauterbur apresenta a MRI

2003
Prêmio Nobel concedido pela descoberta da MRI

2011
A American Chemical Society elege a Varian A-60 um marco químico histórico no país

sangue e nas células corporais. Ao usar núcleos de hidrogênio como ímãs, a NMR consegue obter uma imagem da cabeça de um paciente. Em 1971, Lauterbur foi alertado para uma pesquisa interessante sobre células tumorais, desenvolvida por um médico. O teor de água dentro de uma célula tumoral é diferente do de uma célula normal, e Raymond Damadian tinha mostrado que o NMR conseguia distinguir entre as duas – embora ele fizesse suas pesquisas em ratos e tivesse que sacrificar os animais para obter seus espectros. Lauterbur não apenas encontrou um jeito de transformar os dados em uma imagem (inicialmente indistinta), mas encontrou uma maneira de fazer isso sem tocar num único fio de cabelo do paciente.

> **Antes do uso da NMR... [um químico] podia gastar literalmente meses e anos tentando determinar a estrutura de uma molécula.**
> Paul Dirac, 1963

À época em que Lauterbur ganhou seu Prêmio Nobel, em 2003, a NMR já estava sendo usada havia mais de meio século e tinha se tornado uma das técnicas analíticas mais importantes empregadas em laboratórios de química pelo mundo todo. O hidrogênio é um átomo comum nos compostos orgânicos, e em um espectro de NMR os prótons mostram picos característicos que correspondem aos núcleos de hidrogênio em ambientes diversos – em relação a outros átomos em uma molécula. O lançamento em gráfico das posições dos átomos de hidrogênio de um composto pode dizer muito a respeito de sua estrutura a um químico orgânico – pode ser usado para analisar as estruturas de novos compostos ou identificar os que já são conhecidos.

Leitura dos picos Uma molécula num espectro de NMR forma um padrão, uma impressão digital química que aponta para a sua identidade. Mas há outros tipos de impressões digitais e, como na NMR, sua interpretação se baseia no reconhecimento de ondas características, ou picos, dentro de um espectro. Na espectrometria de massa, os picos diferentes são relacionados a fragmentos moleculares diferentes – íons – produzidos quando as moléculas são explodidas por um facho de elétrons de alta energia. A posição do pico ao longo da escala mostra a massa ou peso dos fragmentos individuais que correspondem àquele pico, enquanto a altura do pico indica o número de fragmentos. Isso permite que o pesquisador identifique os componentes de uma substância desconhecida e, calculando como os fragmentos se ajustam, a estrutura da molécula.

Análise pelo infravermelho Outra técnica analítica importante é a espectroscopia do infravermelho (IR), que usa a radiação infravermelha para fazer com que as ligações entre os átomos numa molécula vibrem mais vigorosamente. Ligações químicas diferentes vibram de modos diferentes, e um espectro infravermelho mostra uma série de picos relacionados a diferentes ligações. As ligações O-H em álcoois, por exemplo, formam picos particularmente distintos, embora o espectro possa ser complicado pelas vibrações de ligações próximas que interferem umas com a outras. Exatamente como em qualquer espectro, o IR forma uma impressão digital molecular que, junto com a experiência certa, pode ser lida para determinar a identidade de um composto químico.

Essas técnicas de identificação molecular não são empregadas apenas por químicos que misturaram seus béqueres. Podem ser usadas para monitorar reações químicas e identificar biomoléculas grandes com exatidão suficiente para perceber uma mudança em um único aminoácido em uma grande sequência de proteína. A espectrometria de massa é amplamente usada na descoberta de drogas, em testes de drogas, na triagem de amostras colhidas de recém-nascidos para identificação de determinadas doenças (ver "Testes em recém-nascidos", página 87) e para rastrear contaminantes em produtos alimentícios.

> **O escândalo do espectro**
>
> Em química, a prova convincente de que uma reação ocorreu pode ser o ponto crítico num espectro de NMR. Essa prova pode determinar se seu artigo vai ser publicado ou não. Com tanto em jogo, há quem possa ser tentado a refinar a prova para que ela se encaixe em seus argumentos. Em 2005, Bengü Sezen, uma química da Universidade de Columbia, nos Estados Unidos, teve diversos de seus artigos recolhidos após ser revelado que ela tinha cortado e colado os picos de espectros de NMR para obter os resultados que queria.

A ideia condensada: Impressões digitais moleculares

22 Cristalografia

Qualquer coisa que envolva disparar raios-X automaticamente tende a soar como ficção científica – sobretudo quando você está usando um equipamento caríssimo para fazer isso. A cristalografia está bastante inserida nos domínios do fato científico, mas isso não faz com que seja menos impressionante.

Não muito ao sul de Oxford, na Inglaterra, rodeada de campos verdes, há uma grande edificação prateada, reluzente. Da estrada, nas imediações, pode parecer um estádio esportivo, mas se por acaso alguma vez você passar por ela, não se engane. Em seu interior, cientistas estão acelerando elétrons a velocidades inimagináveis para gerar fachos de luz 10 bilhões de vezes mais brilhantes do que o Sol. O edifício abriga a Diamond Light Source, a instalação mais cara jamais construída no Reino Unido.

Um pouco como o Large Hadron Collider, o Diamond é um acelerador de partículas, só que aqui as partículas não se chocam, estão focalizadas em cristais com diâmetro de poucos milésimos de milímetro. Usando a luz superbrilhante do Diamond os cientistas conseguem investigar o coração de moléculas individuais e revelar como os átomos estão conectados uns aos outros.

Visão de raio-X O Diamond produz raios-X extremamente potentes. Descoberto por Wilhelm Röntgen em 1895, o raio-X é a base para dois séculos de trabalho pioneiro na compreensão de estruturas de moléculas biológicas importantes, além de drogas e até materiais de última geração que estão sendo desenvolvidos para painéis solares, construções e purificação de água. A teoria é simples: os padrões formados quando os raios-X são espalhados por uma substância revelam como os átomos nas moléculas estão dispostos em três dimensões. O padrão de espalhamento é interpretado a partir de uma série de pontos que mostram onde os raios-X atingiram um detector. A prática, no entanto, é tudo menos simples. A técnica, chamada cristalografia de raios-X, depende da existência de cristais perfeitos – arran-

linha do tempo

1895	1913	1937	1946
Descoberta dos raios-X por Wilhelm Röntegen	William Bragg e o filho usam raios-X para mapear átomos num cristal	Hodgkin soluciona a estrutura do colesterol	Hodgkin soluciona a estrutura da penicilina

jos de moléculas claramente ordenados. Nem todas as moléculas formam cristais perfeitos com facilidade. Gelo e sal formam, mas moléculas grandes, complexas, como as proteínas, têm de ser encorajadas.

Pode levar anos, e até décadas, apenas para que se descubra como os cristais perfeitos crescem. Tal foi o caso da química israelense Ada Yonath quando resolveu tentar fazer cristais de ribossomos. O ribossomo é a máquina de fazer proteínas que produz as proteínas nas células; está presente em todas as coisas vivas, inclusive nos micróbios, significando que o conhecimento de sua estrutura teria valor na luta contra inúmeras doenças perigosas. O problema é que os ribossomos propriamente ditos são formados por muitas proteínas diferentes e por outras moléculas, correspondendo a centenas de milhares de átomos no total e a uma estrutura notavelmente complexa.

> **Dorothy Crowfoot Hodgkin (1910-1994)**
>
> Hodgkin é lembrada como uma das cientistas proeminentes do século XX. Além disso, ela era palestrante, supervisora querida em seu laboratório – onde uma de suas alunas seria a futura primeira-ministra britânica, Margaret Thatcher –, chanceler na Universidade de Bristol durante muitos anos e apoiadora de causas humanitárias. Seu rosto apareceu desenhado em dois selos britânicos.

Métodos do cristal Começando no fim da década de 1970, Yonath tentou durante mais de dez anos cristalizar os ribossomos de várias bactérias para que as pudesse bombardear com raios-X. Quando ela finalmente conseguiu ter cristais bons o suficiente, os padrões produzidos pelos raios não eram fáceis de interpretar e a resolução das imagens era bastante baixa.

Foi só em 2000, depois de três décadas e com a colaboração de outros cientistas com os quais ela por fim dividiu um Prêmio Nobel, que suas imagens finalmente ficaram nítidas o suficiente para revelar a estrutura do ribossomo no nível atômico. Mesmo assim foi um triunfo. Quando ela começou, ninguém acreditava que isso poderia ser feito. Recentemente, companhias farmacêuticas têm usado as estruturas dadas por Yonath e seus colegas para tentar projetar novos fármacos que possam derrotar bactérias resistentes a drogas.

Ada Yonath, no entanto, não foi a primeira mulher a dedicar uma carreira inteira à cristalografia. De fato, o campo da cristalografia de raio-X foi des-

1956	1964	1969	2009
Hodgkin soluciona a estrutura da vitamina B12	Hodgkin recebe o Prêmio Nobel pelas estruturas cristalinas de moléculas biológicas	Hodgkin soluciona a estrutura da insulina	Prêmio Nobel concedido pela estrutura cristalina do ribossomo

Detecção de raios-X

Hoje, cientistas conseguem colher informação estrutural de cristais com uma fração do tamanho daqueles com que Hodgkin trabalhava nos anos 1940. Isso porque agora é possível gerar raios-X muito mais potentes. Os raios-X são gerados por elétrons em alta velocidade zunindo em um acelerador de partículas. Esses elétrons produzem pulsos de radiação eletromagnética aos quais nos referimos como raios-X. Trata-se de um tipo de radiação eletromagnética semelhante à luz visível, mas com um comprimento de onda muito mais curto. A luz visível não pode ser usada para estudar estruturas no nível atômico porque seu comprimento de onda é muito longo – cada onda é mais comprida do que um átomo e, portanto, não vai ser espalhada. Durante a experiência, os cristais são montados em cima do equivalente a uma cabeça de alfinete e mantidos frios enquanto submetidos aos raios-X. O espalhamento dos raios-X é conhecido como difração, e o padrão que eles produzem no detector é chamado de padrão de difração.

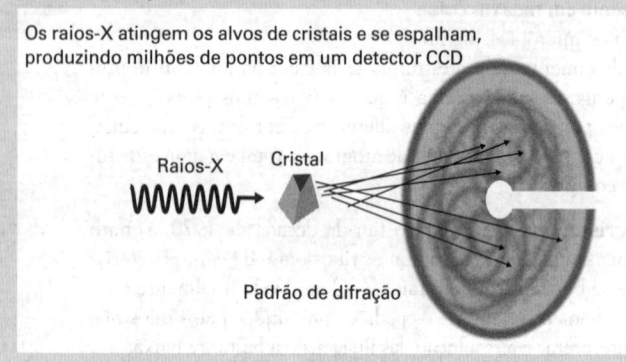

Os raios-X atingem os alvos de cristais e se espalham, produzindo milhões de pontos em um detector CCD

bravado, a partir dos anos 1930, por Dorothy Crowfoot Hodgkin, que solucionou as estruturas cristalinas de muitas moléculas biológicas importantes, incluindo o colesterol, a penicilina, a vitamina B12 e – depois de ganhar o Prêmio Nobel – a insulina. Apesar de prejudicada pela dor da artrite reumatoide desde os 24 anos de idade, ela trabalhou incansavelmente para refutar os que duvidavam dela. Estudou a penicilina durante a Segunda Guerra Mundial, numa época em que a técnica ainda era nova e vista com suspeita por outros pesquisadores. Sabe-se que pelo menos um de seus companheiros químicos na Universidade de Oxford escarneceu da estrutura que ela propôs – uma estrutura que mais tarde se provaria correta. A estrutura que ela resolveu em apenas três anos, ao passo que a insulina lhe tomou mais de trinta.

Passando para o digital Na época de Hodgkin tudo era feito usando filme fotográfico – os raios-X atingiam o cristal e se espalhavam numa placa fotográfica que ela colocava atrás. Os pontos no filme formavam o padrão que ela esperava que fosse revelar a estrutura no nível atômico. Hoje a cristalografia de raios-X é realizada por meio de detectores digitais, para não mencionar os aceleradores de partículas realmente potentes, como o Diamond Light Source, e os computadores capazes de lidar com todos os dados e cálculos difíceis exigidos na solução das estruturas. Foi Hodgkin quem fez campanha em prol dos computadores em Oxford, depois de ela os ter usado na Universidade de Manchester como ajuda na solução da estrutura da vitamina B12. Mas até então ela tinha de usar seu cérebro formidável para computar a matemática complexa.

> **Se essa é a fórmula da penicilina, vou desistir da química e cultivar cogumelos.**
>
> John Cornforth, químico, a respeito da fórmula (correta) de Hodgkin

Parece que a cristalografia de raio-X e seus apoiadores se tornaram trunfos. Alguns cientistas podem ocasionalmente ter duvidado de seu uso, mas desde os anos 1960 as técnicas cristalográficas resolveram as estruturas de mais de 90 mil proteínas e de outras moléculas biológicas (ver página 12). A cristalografia de raio-X é a técnica mais confiável para estudar estrutura no nível atômico. Mesmo estando agora bem estabelecida, há ainda problemas inerentes a serem superados. O crescimento de cristais perfeitos nunca é fácil, de modo que cientistas vêm trabalhando em maneiras de se estudar cristais menos-que-perfeitos. E sessenta anos depois de Hodgkin ter iniciado seus longos estudos sobre a insulina, cientistas da NASA conseguiram uma visão mais clara sobre os cristais criando-os no espaço – cristais muito superiores que podem crescer no ambiente de microgravidade da estação espacial internacional.

A ideia condensada: Revelando as estruturas de moléculas individuais

23 Eletrólise

Na virada do século XIX a bateria foi inventada e os químicos começaram a fazer experiências com eletricidade. Em pouco tempo, eles estavam usando uma nova técnica chamada eletrólise para quebrar substâncias e descobrir novos elementos. A eletrólise se tornou também uma fonte de substâncias químicas, como o cloro.

Em 1875, um médico norte-americano inventou um método para destruir células capilares a fim de eliminar as pestanas encravadas de seus pacientes. Ele chamou essa técnica de "eletrólise", e ela ainda é usada hoje para remover pelo corporal indesejado. Entretanto, esse método de depilação tem muito pouco a ver com uma técnica de eletrólise igualmente pioneira e que também foi empregada em 1875 na descoberta do elemento metálico prateado gálio (Ga). A não ser por uma coisa – e a dica está no nome – as duas técnicas exigem eletricidade.

Em 1875 esse segundo tipo de eletrólise já existia havia meio século ou mais, e tinha revolucionado a química do século XIX. Convém não confundir essa técnica de química experimental com o sistema para remover permanentemente os pelos da perna. A eletrólise também teve um grande impacto no campo da saúde pública, acabando por se tornar o método usado para se extrair cloro de salmoura (cloro é o desinfetante usado para limpar piscinas e manter os nossos mananciais de água potável livres de doenças). A essa altura, no entanto, a eletrólise era provavelmente mais conhecida como o método que Humphry Davy – o renomado cientista e palestrante na Royal Institution – tinha usado para separar toda uma série de elementos comuns, inclusive sódio, cálcio e magnésio, de seus compostos (ver página 46).

A divisão da água Embora Davy fosse o mais famoso experimentador da eletrólise, o crédito por essa invenção vai para um químico pouco conhecido, chamado William Nicholson, e seu amigo, o cirurgião Anthony Carlisle, em 1800. Eles ficaram fascinados por algumas experiências que o

linha do tempo

1800	Fim dos anos 1800	1892
Primeira descrição da bateria por Alessandro Volta	Nicholson e Carlisle inventam a eletrólise	A eletrólise é usada industrialmente para a produção do cloro a partir da salmoura

Chapeamento com prata e ouro

No chapeamento com prata ou ouro, a eletrólise é usada para formar uma camada fina de um metal mais caro por cima de um mais econômico. O objeto de metal funciona como um dos eletrodos naquilo que é chamada "célula eletrolítica". Você pode pratear uma colher atando-a a um fio e a uma bateria, e mergulhando-a em um pouco de cianeto de prata dissolvido em água. A colher passa a ser o eletrodo negativo, e os íons de prata, carregados positivamente na água, são atraídos para ela. A fim de manter o suprimento de íons de prata, uma peça de prata é usada como o eletrodo positivo. De fato, a prata é transferida de um eletrodo para o outro. Do mesmo modo, ouro pode ser ligado a um fio e usado para revestir joias ou uma caixa de smartphone, por exemplo. A solução em que os eletrodos são mergulhados é chamada eletrólito.

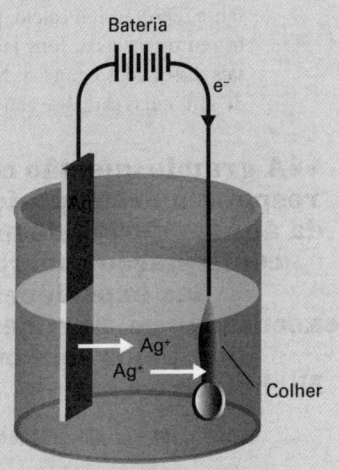

pioneiro da bateria, Alessandro Volta, tinha completado mais no início daquele ano, e estavam tentando reproduzi-las. Nesse momento a "bateria" de Volta era apenas uma pilha de discos metálicos e trapos molhados amarrados com fios. Intrigados ao ver que bolhas de hidrogênio apareciam quando um fio de bateria tocava uma gota de água, eles pegaram os fios e os colocaram em cada lado de um tubo de água. O resultado foram bolhas de oxigênio em uma extremidade e de hidrogênio na outra. Eles usaram eletricidade para quebrar as ligações entre as moléculas da água, dividindo-as em suas partes componentes.

Sendo Nicholson um palestrante de sucesso, escritor e tradutor, que já havia fundado seu próprio jornal popular de ciências, não teve dúvidas a respeito de onde iria publicar seus resultados. O *Journal of Natural Philosophy, Chemistry and the Arts*, conhecido afetuosamente como o *Journal* de Nicholson, logo apresentou um artigo anunciando o limiar de uma nova era da eletroquímica.

1854
John Snow demonstra que a água pode disseminar doenças

1908
O cloro é usado no abastecimento de água pela primeira vez

Eletroquímica A pilha de Volta foi adotada e adaptada – no fim acabou se tornando uma coisa parecida como uma bateria moderna –, e logo os cientistas estavam usando eletrólise para todo tipo de química interessante. Davy isolou cálcio, potássio, magnésio e outros elementos, enquanto seu rival sueco, Jöns Jakob Berzelius, trabalhou na divisão de diversos sais dissolvidos em água. Na química, um sal significa um composto feito de íons cujas cargas se cancelam mutuamente. No sal de cozinha – cloreto de sódio – os íons de sódio têm carga positiva e os íons de cloro são carregados negativamente. O sódio pode também formar um sal amarelo vivo com íons de cromato (CrO_4^-). Embora tenha uma aparência muito mais empolgante que a do sal de mesa, o cromato de sódio é tóxico e não comestível.

> **"A grande questão com respeito à decomposição da água... deriva de uma confirmação poderosa das experiências executadas pela primeira vez pelos senhores Nicholson e Carlisle..."**
>
> John Bostock no Journal de Nicholson

Isso nos remete claramente à nossa compreensão moderna de como a eletrólise de fato funciona, porque trata inteiramente de íons (ver "Íons", página 21). Quando um sal é dissolvido em água, ele se dissocia em seus íons positivos e negativos. Na eletrólise, esses íons positivos e negativos são atraídos para os eletrodos com cargas opostas. Os elétrons entram no circuito no eletrodo negativo, de modo que os íons de prata, positivos (ver "Chapeamento com prata e ouro", página 95), por exemplo, apanham elétrons para formar um revestimento de átomos neutros de prata. Enquanto isso, os íons negativos atraídos para o outro eletrodo fazem o oposto – eles perdem seus elétrons excedentes para se tornarem neutros.

Determinados sais, como o sal de mesa padrão, contêm íons de sódio, que embora sejam carregados positivamente como os íons de prata, são mais reativos. Então, quando os íons de sódio são separados do cloro, eles se unem imediatamente aos íons hidroxila (OH^-) no eletrólito água e formam hidróxido de sódio.

Em vez o eletrodo negativo atrair íons de sódio, ele atrai íons de hidrogênio, que coletam elétrons e são liberados em borbulhas como hidrogênio gasoso.

Revolução limpa A mesma configuração forma a base para uma indústria inteira de produção de cloro por eletrólise. Basicamente, passe uma corrente elétrica pela água do mar e você pode coletar cloro. O produto secundário, hidróxido de sódio, também conhecido como soda cáustica, pode ser combinado com óleo para fazer sabão.

Ao mesmo tempo que a eletroquímica progredia no século XIX, os cientistas se tornavam cada vez mais conscientes dos problemas de doenças transmitidas pela água. Até cerca da metade do século, pensava-se que a cólera era contraída por se respirar o miasma do "ar ruim". No entanto, durante um surto de cólera em Londres, em 1854, John Snow mostrou que as pessoas estavam sendo infectadas por água suja de uma bomba no Soho, e o fez anotando os casos em um mapa, e desse modo se firmou como um dos primeiros epidemiologistas.

Em poucas décadas, o cloro produzido pela eletrólise estava sendo usado como desinfetante para proteger as pessoas de micróbios em sua água potável. A substância foi utilizada pela primeira vez para tratar o abastecimento de água de Jersey City, nos Estados Unidos. O cloro é também empregado em alvejantes e em muitas drogas e inseticidas. Hoje, as bolhas de hidrogênio formadas na eletrólise da água salgada são muitas vezes coletadas e usadas em células combustíveis para gerar ainda mais eletricidade.

Eletricidade

A "pilha voltaica", inventada por Alessandro Volta, forneceu o primeiro suprimento uniforme de eletricidade. Antes dela, garrafas de Leiden forradas com folha metálica eram usadas para prender e guardar a eletricidade descarregada por uma fagulha de um gerador de eletricidade estático movido a manivela. As garrafas eram cheias com água, ou até cerveja, para guardar a eletricidade – até que os cientistas se deram conta de que, na realidade, era a folha metálica, não o líquido, que estava armazenando a carga.

A ideia condensada:
A eletricidade dissocia compostos químicos

24 Microfabricação

Você pode ter dezenas, ou até centenas, de chips de computador em sua casa e, embora cada um deles seja um feito de engenharia incrível, é também o resultado de alguns progressos químicos importantes. Foi um químico que esboçou os primeiros modelos em pastilhas de silício e, embora os chips hoje possam ser muito menores do que eram há cinquenta anos, a química do silício permanece a mesma.

Poucas tecnologias tiveram um impacto tão profundo na sociedade e na cultura humanas quanto o chip de silício. Nossa vida é governada por computadores, smartphones e uma multidão de outros dispositivos eletrônicos acionados por circuitos integrados – chips ou microchips. A miniaturização dos circuitos e dispositivos eletrônicos literalmente pôs o poder da computação em todos os nossos bolsos, moldando a maneira como experimentamos o mundo hoje.

No entanto, um dos avanços químicos essenciais, que levou ao desenvolvimento do chip de silício, é algumas vezes minimizado. Relatos históricos nunca deixam de dar crédito a Jack Kilby, da Texas Instruments – e que mais tarde ganhou o Prêmio Nobel de Física –, como inventor do circuito integrado; e se referem repetidamente ao Bell Laboratories (Bell Labs), onde os primeiros transistores foram fabricados. Mas o químico do Bell Labs, Carl Frosch, e seu técnico, Lincoln ("Link") Derick, não raro só recebem as mais breves das menções.

Calouro Frosch   Talvez isso aconteça porque não se sabe muito a respeito de Frosch. Bem pouco foi escrito sobre sua carreira inicial ou sua vida pessoal. Ele foi reconhecido como talento científico com pouca idade – uma imagem granulosa em preto e branco de um Frosch pensativo, com 21 anos de idade, aparece na segunda edição, de março de 1929, da *Schenectady Gazette* de Nova York, ao lado de um anúncio para "*Extra fancy mohican sifted peas*" (Ervilhas moicanas peneiradas extrachiques). O artigo que

linha do tempo

1948	1954	1957
Primeiro transistor apresentado pelo Bell Labs	Carl Frosch e Lincoln Derick cultivam uma camada de dióxido de silício em uma pastilha de silício	O Bell Labs usa um "fotorresistor" a fim de transferir um padrão para uma superfície de silício

acompanhava a foto anuncia sua eleição para a fraternidade científica honorária Sigma XI, a "mais alta honra" que pode ser concedida a um estudante de ciências – mas depois as coisas permaneceram discretas durante mais de uma década.

Em 1943, Frosch estava trabalhando para o Bell Labs em seus laboratórios químicos em Murray Hill. Um colega, Allen Bortrum, lembra-se dele como um homem modesto, embora devesse ter também uma veia competitiva, porque Frosch é retratado na edição de junho da *Bell Laboratories Record* recebendo um troféu pela pontuação mais alta na liga de boliche Murray Hill. Cinco anos mais tarde, o Bell Labs apresentou o primeiro transistor, feito de germânio. Versões minúsculas desses interruptores eletrônicos em miniatura acabariam atulhadas em chips de computadores modernos aos milhões e bilhões, mas esses seriam feitos de silício. Foram Frosch e Derick, um ex-piloto de combate, que fizeram a descoberta que deu nome ao Vale do Silício.

Elaboração de chips

Um dos primeiros padrões simples que Frosch gravou em suas pastilhas foi "THE END". Em termos básicos, o processo de elaborar um circuito integrado, ou um chip de computador, é um pouco como impressão combinada com fotografia. De fato, era uma tecnologia de gravação usada previamente para fazer padrões em placas de circuitos impressos que eram adaptadas para transferir projetos para pastilhas de silício. Agora, é possível gravar modelos muito complexos e usar múltiplas máscaras na mesma pastilha de silício.

Processo de fotolitografia

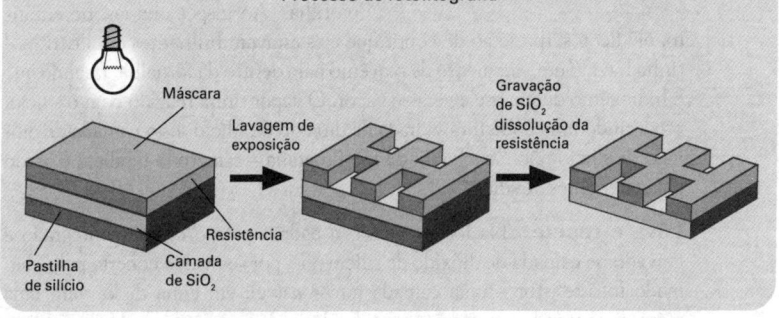

Máscara
Lavagem de exposição
Gravação de SiO_2 dissolução da resistência
Resistência
Pastilha de silício
Camada de SiO_2

1958
Jack Kilby inventa o circuito integrado na Texas Instruments

1965
A Lei de Moore é exposta pela primeira vez na revista *Electronics*

1965
O número de componentes elétricos num computador chega a um bilhão

Doping

O silício tem quatro elétrons em sua camada exterior. Em um cristal de silício, cada átomo de silício compartilha esses quatro elétrons com mais outros quatro átomos de silício – um total de quatro pares compartilhados por átomo. O fósforo tem cinco elétrons em sua camada exterior, de modo que quando é acrescentado como dopante, fornece um elétron "livre" que perambula em torno do cristal de silício e pode transportar uma carga. Esse tipo de doping cria o chamado silício "tipo-n" – os transportadores de carga são elétrons (carga negativa). O outro tipo é "p-doping" – p igual a carga positiva. Aqui, a carga é transportada pela ausência de elétrons. Esse pode parecer um conceito estranho, mas pense que o boro – um dopante tipo-n – tem menos um elétron que o silício em sua camada exterior. Isso significa que há uma falha, ou "buraco" de elétron, na estrutura do cristal de silício onde deveria haver um elétron. Buracos com cargas positivas podem também transportar carga ao aceitar elétrons.

Ideias instantâneas Nos anos 1950, os transistores estavam sendo feitos por um método chamado processo de difusão, em que os dopantes – substâncias químicas que alteram as propriedades elétricas de uma substância – eram introduzidos por difusão em gases em pastilhas extremamente finas de germânio ou silício a temperaturas muito altas. Nessa época ainda não havia algo como um circuito integrado. No Bell Labs, Frosch e Derick estavam focados em melhorar o método de difusão. Eles já estavam trabalhando com silício, uma vez que o germânio era propenso a defeitos, mas não contavam com os melhores equipamentos, e Frosch estava queimando pastilhas de silício constantemente.

As experiências deles envolviam colocar uma pastilha numa fornalha e dirigir um fluxo de gás hidrogênio contendo um dopante. Um dia, Derick voltou ao laboratório e descobriu que o fluxo de hidrogênio tinha incendiado as suas pastilhas. Ao inspecioná-las, no entanto, ele ficou surpreso ao descobrir que elas estavam brilhantes e reluzentes – tinha havido um vazamento de oxigênio para dentro da fornalha, fazendo que o hidrogênio queimasse e gerasse vapor. O vapor tinha reagido com o silício, produzindo uma cobertura vidrada de dióxido de silício. Essa camada de dióxido de silício não é exclusiva da fotolitografia – o método também é usado para fazer chips de silício.

Lava e repete Na fotolitografia, o padrão para o circuito integrado é gravado na camada de dióxido de silício que, por sua vez, é coberta pelo chamado fotorresistor – uma camada fotossensível; em cima disso, vem uma máscara contendo um padrão repetido, de modo que possam ser feitos muitos chips de uma só vez. Embaixo da máscara, as áreas expostas do fotorresistor reagem à luz e podem ser lavadas para revelar o padrão transferido. Esse padrão é então gravado na camada brilhante de dióxido de silício, embaixo.

O que Frosch e Derick perceberam foi que poderiam usar a camada de dióxido de silício para proteger uma pastilha contra os danos no processo de difusão em alta temperatura, além de definir as regiões que eles queriam dopar. Os dopantes boro e fósforo (ver "Doping", na página anterior) não conseguem atravessar a camada de dióxido de silício, mas, ao se gravar janelas na camada, era possível transportar a difusão de dopantes para pontos muito específicos. Em 1957, Frosch e Derick publicaram um artigo no *Journal of the Electrochemical Society* detalhando suas descobertas e chamando atenção para o potencial de se fazer "padrões de superfície precisos".

As empresas de semicondutores rapidamente se interessaram pela ideia. Elas estavam tentando fazer múltiplos transistores a partir de pastilhas isoladas. Então, apenas um ano mais tarde, Kilby inventou o circuito integrado – um dispositivo em que todos os componentes eram feitos simultaneamente a partir de um segmento de material semicondutor. Esse "chip", na verdade, tinha base no germânio; entretanto, uma camada de dióxido de germânio não funciona como barreira, de modo que, no fim, foi o silício que se popularizou. Hoje, padrões extremamente complexos são projetados em computadores e transferidos para pastilhas de silício usando o método da máscara de óxido. Em 1965, o fundador da Intel, Gordon Moore, previu que o número de componentes num chip de computador iria dobrar a cada ano, mais tarde revisando sua previsão para cada dois anos. Graças aos progressos na fotolitografia, conseguimos manter o passo, tendo sido ultrapassada a marca de um bilhão de componentes em 2005.

> **"O silício propriamente dito é, sem dúvida, o ingrediente principal, seguido por seu exclusivo óxido natural, sem o que pouco da florescente indústria dos semicondutores sequer teria começado a existir."**
>
> **Nick Holonyak, Jr.**, inventor do LED

A ideia condensada:
Química do silício em cada smartphone

25 Automontagem

As moléculas são pequenas demais para serem vistas em microscópios comuns, de modo que os cientistas ficam limitados à sua própria engenhosidade para manipulá-las com instrumentos comuns. O que eles podem fazer, em vez disso, é redesenhar as moléculas para que elas se organizem sozinhas. Estruturas automontadas podem ser usadas para criar dispositivos e máquinas em miniatura, direto das páginas de livros de ficção científica.

Se você tivesse de fabricar sua própria colher, como faria? Qual seria seu primeiro instinto? Você tentaria encontrar um pedaço de metal, quem sabe um galho de árvore, e o bateria ou esculpiria até ficar no formato certo? Esse, talvez, seria o modo mais óbvio, mas não seria o único jeito. Um método alternativo – embora possa, inicialmente, parecer mais tedioso – seria coletar centenas de raspas minúsculas de metal, ou lascas de madeira, e juntá-las na forma de uma colher.

O primeiro modo é o que os químicos chamam de abordagem "de cima para baixo". Você pega um volume de material e esculpe algo com ele, no formato e no tamanho que você quiser. O segundo modo é exatamente o oposto, "de baixo para cima". Em vez de aparar o volume de material, você trabalha a partir de pedaços menores. É verdade, o segundo modo parece ser uma trabalheira imensa; entretanto, imagine se, em vez de você mesmo juntar todos os pedaços, eles se juntassem sozinhos. Isso faria com que as coisas ficassem muito mais fáceis.

Funciona como mágica Isso é basicamente o que acontece na automontagem molecular, só que numa escala muito menor. Na natureza, nada é feito de cima para baixo. Madeira, osso, seda de aranha – todos esses materiais são montados, molécula por molécula, e se formam espontaneamente. Na formação da membrana exterior de uma célula, por exemplo, as partículas de lipídios formadoras da membrana se organizam numa camada que passa a ser um envelope para a célula.

linha do tempo

1955	1983	1991
O vírus do mosaico do tabaco é automontado num tubo de ensaio	Primeira monocamada automontada feita numa superfície de ouro com moléculas de alquiltiolato	O grupo de Nadrian Seeman automonta um cubo de DNA

Se pudéssemos, de algum jeito, inventar maneiras de fazer coisas que se automontassem de baixo para cima, como na natureza, seria feito magia – como uma sequência num filme de Harry Potter em que, com uma palavra mágica e uma passada da varinha, tudo voa para o lugar. Poderíamos construir componentes de computador molécula por molécula – chips tão pequenos que o poder de computação da NASA caberia em seu telefone celular (bem, quase). Poderíamos fabricar equipamentos médicos capazes de entrar em nosso corpo para raspar as artérias, diagnosticar câncer ou depositar uma droga diretamente no local de uma infecção.

Monocamadas automontadas

Monocamadas automontadas são camadas com a espessura de uma molécula que se formam de um modo bem ordenado na superfície. O efeito foi usado pela primeira vez nos anos 1980 para montar alquilsilano, e depois as moléculas de alcanetiol numa superfície. A molécula de enxofre na molécula de alcanetiol tem uma forte afinidade pelo ouro, de modo que irá se grudar numa superfície de ouro. Talhando o resto da molécula é possível criar filmes delgados com diversas substâncias químicas. Por exemplo, anticorpos ou DNA podem ser ligados tornando os filmes úteis para diagnósticos médicos.

Tudo isso pode parecer forçado, mas algumas dessas coisas já estão acontecendo. Em laboratórios pelo mundo todo, cientistas estão conseguindo elaborar esquemas de automontagem em que as partículas se unem por vontade própria. Tais partículas ou são guiadas para o local por moldes ou padrões feitos pelas técnicas "de cima para baixo" mais tradicionais, ou as estruturas que elas foram projetadas para formar estão, na verdade, codificadas nas próprias partículas. Esses esquemas são muitas vezes o projeto daqueles que trabalham no campo da nanotecnologia (ver página 182). Moléculas automontantes podem ser usadas para criar camadas extremamente finas de materiais especializados e dispositivos muitíssimo delgados. Os materiais e as estruturas que estão sendo feitos pelos nanotecnólogos encontram-se numa escala minúscula – na casa do milionésimo de milímetro –, de modo que, comparativamente, faz mais sentido construí-los, molécula a molécula, do que usar materiais e instrumentos gigantescos.

Dobram como origami É claro que você não quer fazer uma colher de tamanho normal desse modo, mas se quisesse fazer uma colher de tamanho nano, esse seria definitivamente o caminho a seguir. Cientistas da Univer-

2006
Paul Rothemund relata a primeira dobradura de DNA feito origami

2013
Pesquisadores norte-americanos desenvolvem teste para MRSA baseado em monocamada automontada para detectar DNA bacteriano

Automontagem em cristais líquidos

As moléculas nas telas de tevê mais modernas estão num estado de cristal líquido (ver página 26), no qual há determinado grau de arranjo regular combinado com um fluxo semelhante ao líquido. As moléculas naturalmente se arrumam de determinado modo, mas a aplicação de um campo elétrico muda a arrumação delas para controlar aquilo que vemos numa tela. Os cientistas identificaram muitos materiais naturais que se comportam como cristais líquidos e que se automontam. Por exemplo, os materiais que constituem as cutículas duras de determinados insetos e crustáceos são tidos como formados por automontagem líquido-cristalina. Novos modos de manipular as arrumações dessas substâncias podem ser interessantes para a criação de novos materiais. Em um estudo de 2012, cientistas canadenses mostraram que usando cristais de celulose produzidos a partir da madeira de abeto, eles conseguiam formar um filme iridescente capaz de criptografar informações seguras sob diferentes condições de iluminação. Outro estudo usou celulose líquido-cristalina para fabricar um minúsculo "motor a vapor" acionado pela umidade. A umidade mudava a arrumação dos cristais numa cinta de filme de celulose, provocando a tensão que puxava a roda para fazê-la rodar.

Motor de celulose acionado por umidade

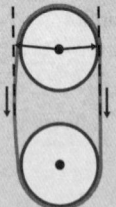

Torque na roda devido à tensão no filme é igual

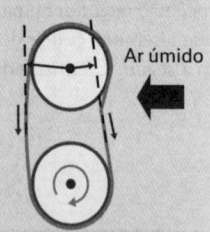

Ar úmido

A umidade faz com que o filme encolha, produzindo força de torque na roda, girando na direção horária

sidade de Harvard, nos Estados Unidos, fizeram algo ainda melhor. Em 2010 eles criaram o que o químico-chefe William Shih chamou de "pequenos canivetes suíços" de moléculas automontadas, buscados na própria natureza usando cepas de DNA (ver página 142) que se dobravam em estruturas tridimensionais. Embora fossem chamadas de canivetes suíços, essas estruturas eram mais como minúsculas estruturas de tendas, com escoras e grampos provendo força e rigidez incríveis. Os cientistas conseguiram fazer exatamente as estruturas que queriam projetando o código do DNA a fim de que as moléculas só se dobrassem de um modo determinado.

Longe de ser o primeiro exemplo de engenharia em nanoescala usando DNA, a equipe havia construído seu estudo a partir do trabalho de outros, praticando a arte do que é amplamente chamado "origami de DNA". Embora possa não haver nenhum uso óbvio para as minúsculas estruturas de tendas, a analogia com o origami dá algumas dicas sobre o nível de possibilidades. Exatamente do mesmo modo que um pedaço de papel pode ser dobrado em um lindo pássaro ou em um contundente escorpião, o DNA tem a versatilidade de adotar qualquer forma ou estrutura, desde que seu planejador consiga codificar esse desenho numa sequência de DNA.

Shih e sua equipe são bioengenheiros. Trabalham com material biológico e tentam solucionar problemas biológicos. Portanto, eles planejam desenvolver suas estruturas de arame para usar no corpo humano, aproveitando sua biocompatibilidade. Por exemplo, a força e a rigidez dessas estruturas podem ser úteis em medicina regenerativa, na reparação ou substituição de tecidos e órgãos danificados e pelas armações de tecido feitas no laboratório. Enquanto isso, cientistas com formação eletrônica estão usando outros materiais para desenvolver esquemas de automontagem para sensores minúsculos e eletrônicos de baixo custo.

A arte na ciência Enquanto método, a automontagem pode funcionar como mágica, mas é necessário um cientista muito treinado para fazer com que ela dê certo. Falando estritamente, a parte da automontagem é dificilmente um método em si. É apenas algo que acontece depois de todo o trabalho duro já ter sido feito. A verdadeira arte é projetar moléculas, materiais e dispositivos de modo que eles se automontem. Os cientistas não estão apenas fazendo colheres, estão projetando materiais que farão as colheres sozinhos.

> **Essa é a diferença entre construir estruturas em nanoescala, molécula por molécula, usando o equivalente a nanopauzinhos, e deixar as moléculas fazerem o que elas fazem melhor, se automontarem...**
>
> John Pelesko

A ideia condensada: Moléculas que se organizam sozinhas

26 Laboratório num chip

A tecnologia *lab-on-a-chip* tem o potencial de mudar o modo como a medicina funciona, oferecendo exames *in loco* para tudo, de intoxicação alimentar a ebola, que podem ser feitos sem qualquer conhecimento especializado. Já é possível executar centenas de experiências ao mesmo tempo em um chip mínimo, pequeno o bastante para caber no seu bolso.

Você vai ao médico com algum problema misterioso no estômago e espera em vão que ele não diga aquelas terríveis palavras, "é preciso fazer um exame de fezes". Sim, em algum momento na vida a maior parte de nós provavelmente vai ter de coletar os próprios dejetos num frasco plástico e fazer uma entrega constrangedora na clínica. Por sorte, uma vez que você o tenha entregado, ele será levado direto para o laboratório e você jamais terá de vê-lo outra vez. Num futuro não tão distante, porém, seu médico poderá analisar a amostra bem na sua frente e dar os resultados em 15 minutos.

Em 2006, pesquisadores norte-americanos que trabalhavam num dos projetos financiados pelos Institutos Nacionais da Saúde relataram estar desenvolvendo um "cartão entérico descartável" que conseguia distinguir micróbios como *E. coli* e *Salmonella* fazendo uma série de testes paralelos em uma amostra de fezes – tudo em um único microchip. O dispositivo usaria anticorpos para detectar moléculas na superfície de um micróbio, e depois extrairia e analisaria seu DNA.

Parece incrivelmente inteligente, mesmo que meio nojento. Mas o cartão entérico não é um caso isolado. Os assim chamados "testes pontuais de cuidados" podem ser a próxima grande novidade em cuidados com a saúde, e muitos deles são baseados em tecnologia *lab-on-a-chip*. Já existem dispositivos para diagnosticar ataques cardíacos e monitorar contagem de células T em pacientes

linha do tempo

1992
A tecnologia de microchip é aplicada para fazer um microdispositivo com o intuito de separar moléculas em capilares de vidro minúsculos

1995
Primeiro uso de um microdispositivo para sequenciar DNA

1996
DNA da *Salmonella* é detectado em um chip

com HIV. Chips de diagnóstico baratos poderiam vir, um dia, a representar um papel crucial no controle de epidemias. A grande vantagem de se usar um desses chips é que não precisa ter nenhum conhecimento especializado – é uma experiência automatizada que cabe na palma da sua mão. Tudo o que um médico tem de fazer é acrescentar uma pequena quantidade de sua amostra e inserir o cartão num leitor de cartões.

Trabalho de detetive

Rápida como é, a análise on-chip de substâncias químicas poderia também ser útil no esclarecimento de crimes, por exemplo, analisando fraude de medicamentos ou identificando ingredientes nocivos em casos de adulteração de alimentos. Um dispositivo *lab-on-a-chip* poderia executar um teste para muitas drogas ilícitas diferentes ou, no esporte, para substâncias banidas, e fornecer uma resposta em minutos.

Microchip encontra DNA O conceito *lab-on-a-chip* emergiu quando cientistas começaram a perceber que poderiam sequestrar a tecnologia de fabricação convencional de microchip (ver página 98) para criar versões miniaturizadas de experiências padrão de laboratório. Em 1992, pesquisadores suíços mostraram que podiam efetuar uma técnica de separação comum chamada eletroforese capilar (ver página 84) em um dispositivo de chip. Em 1994, a equipe do químico Adam Woodley, na Universidade da Califórnia, em Berkeley, Estados Unidos, já estava separando DNA em canais minúsculos em um chip de vidro, e logo depois usaram chips para efetuar sequenciamento de DNA. Hoje, sequenciamento de DNA em chips de vidro e de polímero se tornou talvez a aplicação mais importante da tecnologia *lab-on-a-chip*, com chips capazes de sequenciar centenas de amostras em paralelo e produzir resultados em minutos.

O sequenciamento em um chip não é tarefa fácil. Em geral envolve uma técnica chamada reação de polimerase em cadeia (PCR), que a biologia molecular já usa há vários anos. A reação depende de se aquecer e esfriar o DNA repetidamente. Para conseguir isso num chip, as amostras nos canais têm de ser aquecidas ou forçadas a passar por câmaras de reação sucessivas – cada uma com volume total de um milésimo de milímetro – em temperaturas diferentes. Uma área fundamental da tecnologia *lab-on-a-chip* é conhecida como microfluídica. Por causa dos minúsculos volumes de líquido envolvidos, a maior parte dos dispositivos de chips diagnósticos é baseada na microfluídica.

1997
Sequenciamento de DNA em faixas paralelas num microchip

2012
Previsão de tecnologia *lab-on-a-smartphone* para monitoração médica

2014
Anunciado o conceito de "internet da vida"

A internet da vida

Você pode ter ouvido falar da "internet das coisas", um conceito inspirado na ideia de que estamos vivendo num mundo de dispositivos cada vez mais inteligentes, que poderiam ser todos conectados em uma única rede. Smartphones, geladeiras, televisões e até cachorros com microchips, poderiam todos ser integrados na rede – por meio de seus microchips. Atualmente, pesquisadores na QuantuMDx, uma companhia com base em Newcastle-upon-Tyne, Inglaterra, estão planejando uma "internet da vida", que integraria dados produzidos por dispositivos de *lab-on-a-chip* pelo mundo inteiro. Eles sugerem que dados de sequenciamento de DNA coletados em dispositivos de chip poderiam ser "geomarcados", significando que poderiam ser mapeados para uma localização geográfica específica. Isso daria aos epidemiologistas acesso a níveis sem precedentes de detalhes para rastrear doenças em tempo real. Eles poderiam monitorar a malária, acompanhar a evolução do vírus da gripe, ajudar a prever surtos de ebola, identificar novas cepas de tuberculose resistentes a drogas e, espera-se, usar todas essas informações para ajudar a impedir a disseminação.

Dispositivo de diagnóstico *point of care testing* (POCT)

- Leitor POCT sozinho
- Chip POCT
- Reação da amostra
- Gota de amostra
- Preparação da amostra
- Sinal lido
- Análise
- Entrega da amostra
- Reação da amostra

Há, no entanto, muitos outros usos para essas tecnologias baseadas em chips. Da perspectiva de um químico, os canais e câmaras num chip fornecem um meio de levar a efeito reações e análises num modo controlado e passível de ser repetido, usando tamanhos de amostras pequenos demais para que mãos humanas possam lidar com eles. Os biólogos conseguem capturar células isoladas dentro de cada câmara de reação individual e testar os efeitos de diferentes substâncias químicas ou de moléculas de sinalização biológica simultaneamente. Os cientistas que desenvolvem fármacos poderiam usá-las para misturar quantidades ínfimas de drogas diferentes que ajudassem na experimentação de seus efeitos combinados. Em todas essas áreas, o trabalho com quantidades tão pequenas ajuda a manter rejeitos e custos ao mínimo.

Chips poderiam também ser úteis na formulação e administração de medicamentos – por exemplo, criando cápsulas de tamanho micro ou nano –, ou na medição de doses minúsculas para se reduzir efeitos secundários associados a oscilações súbitas nos níveis de medicação. Alguns especialistas preveem pacientes carregando chips de aplicação de drogas portáteis, que poderiam até ser ligados via "microagulhas" aos tecidos-alvo, como o local de um tumor.

Dados de doenças em rede Diagnósticos e monitoramento da saúde pessoal, no entanto, são algumas das áreas mais empolgantes para os que trabalham com tecnologia *lab-on-a-chip*. As moléculas mais comumente examinadas em dispositivos *lab-on-a-chip* são proteínas, ácidos nucleicos – como o DNA – e moléculas envolvidas no metabolismo. Os chips têm aplicações muito evidentes para diabéticos, que têm de monitorar constantemente seus níveis de açúcar no sangue (ver "Percepção de açúcar", página 140). Há outras proteínas chamadas "biomarcadoras" que podem indicar muitas situações, como um dano cerebral ou dizer a uma parteira se uma mulher está entrando em trabalho de parto. Com muita frequência, os chips de diagnóstico fazem uso de anticorpos porque eles são bons para reconhecer moléculas específicas – as nossas próprias e aquelas que pertencem a organismos infecciosos.

Os diagnósticos por chip podem causar um impacto muito mais importante em regiões do mundo onde os recursos são escassos e as instalações para a análise profissional de amostras podem não estar disponíveis. Uma companhia sediada no Reino Unido quer fornecer resultados a partir de seu dispositivo de diagnóstico para um banco de dados em rede, criando uma "internet da vida" (ver "Internet da vida", na página 108) que possa monitorar surtos de doenças mortais, como ebola. Então, embora possam passar alguns anos antes de você se ver no médico, obtendo uma análise de fezes em tempo real, dispositivos de *lab-on-a-chip* podem um dia levar a uma revolução no modo como lidamos com as doenças. E, como veremos em outro lugar, a potência computacional tem muitos outros usos na química.

> **"[Há] muita tecnologia, atualmente, que de fato dispensa o tradicional envolvimento do médico... estamos falando de *lab-on-a-chip*, em um telefone..."**
>
> Eric Topol, diretor do Scripps Translational Science Institute, no podcast Clinical Chemistry

A ideia condensada:
Experiências químicas em miniatura

27 Química computacional

Um observador de aves e biólogo de coração, Martin Karplus pode ter parecido um candidato improvável para pai da química computacional. Entretanto, ele acreditava que a química teórica poderia fornecer a base para um entendimento da própria vida, o que mostrou ser verdade – ele só teve de passar primeiro por um computador de cinco toneladas.

Martin Karplus, o pai da química computacional, era um judeu austríaco cuja família deixou a Áustria rumo aos Estados Unidos em 1938 – quando a Áustria estava se unindo à Alemanha nazista. Na escola, nos Estados Unidos, Karplus foi reconhecido como um aluno brilhante. Fora da escola, seu interesse em ciência cresceu junto com sua paixão pela natureza. Ele era um jovem ornitófilo que fazia apontamentos para o censo de migração anual de aves da Audubon Society. Aos 14 anos de idade, quase foi preso, suspeito de ser um espião alemão fazendo sinais para submarinos – ele estava no campo, durante uma tempestade, com um par de binóculos, procurando pequenos mergulhões.

Antes de ir para a faculdade, Karplus foi convidado para tomar parte em uma pesquisa sobre navegação de aves no Alaska, e ficou convencido de que a carreira de pesquisador era para ele. Entretanto, em vez de se inscrever num curso de biologia, ele se matriculou no programa de Química e Física da Harvard, inferindo que esses assuntos seriam críticos para a eventual compreensão da biologia e da própria vida. Como aluno de PhD na Caltech, ele começou um projeto sobre proteínas, mas seu orientador deixou a instituição e ele foi adotado por Linus Pauling – que iria em breve ganhar o Prêmio Nobel de Química por seu trabalho sobre a natureza da ligação química. Karplus estudou as ligações de hidrogênio (ver página 22)

linha do tempo

1959
É publicada a formulação original da equação de Karplus

1971
A equipe de Karplus publica teoria sobre o retinal no olho

Computadores na pesquisa de drogas

Para pesquisar se uma droga recém-projetada faz o que deveria fazer, é necessário testá-la. Mas com centenas ou milhares de diferentes drogas em potencial e uma força de trabalho e recursos limitados, é quase impossível testar todas em células reais, animais ou pessoas. É aqui que a química computacional entra. Usando simulação molecular é possível descobrir como as moléculas das drogas podem interagir com as moléculas-alvo no corpo, e daí identificar as melhores candidatas a lidar com uma doença em particular. Esses cálculos teóricos podem ser pensados como experiências *in silico* – em silício, ou computadores. É claro, as simulações podem não perceber alguns problemas apresentados pelas drogas, mas é por isso que a combinação de química computacional (teórica) e experimental é tão forte.

A previsão da estrutura de uma proteína por computador, comparada à prova cristalográfica.

e foi obrigado a escrever sua tese em apenas três semanas, quando Pauling repentinamente anunciou que estava saindo numa longa viagem.

Depois de um período com um grupo de química teórica na Universidade de Oxford, Karplus ocupou durante cinco anos um cargo na Universidade de Illinois, trabalhando com ressonância magnética nuclear (NMR) (ver página 86). Ele estava usando NMR para estudar os ângulos de ligação em átomos de hidrogênio na molécula de etanol (CH_3CH_2OH) quando percebeu que fazer todos os cálculos numa calculadora de mesa seria muito chato – então ele escreveu um programa de computador para fazer o trabalho para ele.

O computador de cinco toneladas Na época, em 1958, a Universidade de Illinois era a orgulhosa proprietária de um computador digital de cinco toneladas chamado ILLIAC, que tinha plenos 64 Kb de memória – não era suficiente para manter uma única foto digital tirada no seu telefone celular, mas bastava para o programa de Karplus – e era programado por

1977
Primeira simulação de dinâmica molecular de uma molécula biológica grande – inibidor de tripsina pancreática bovina (BPTI)

2013
Martin Karplus, Michael Levitt e Arieh Warshel ganham o Prêmio Nobel por química computacional

> **"Os químicos teóricos tendem a usar a palavra 'previsão' de maneira bastante vaga para se referir a qualquer cálculo que concorde com a experiência, mesmo quando a última foi feita antes do primeiro"**
>
> **Martin Karplus**

perfuração de cartões. Logo depois de terminar os cálculos, ele compareceu a uma palestra feita por um dos químicos orgânicos em Illinois que parecia ter confirmado experimentalmente seus resultados.

Cheio de confiança de que seus cálculos poderiam ser úteis na determinação de estruturas químicas, Karplus publicou um artigo que incluía o que ficou conhecida como a equação de Karplus. A equação era usada por químicos para interpretar resultados de NMR e determinar a estrutura molecular de moléculas orgânicas. Sua formulação original foi refinada e adaptada, mas ainda é usada em espectroscopia de NMR até hoje. A palestra a que Karplus compareceu era sobre açúcares, mas sua equação foi estendida a outras moléculas orgânicas, inclusive proteínas, além de moléculas inorgânicas.

Em 1960, Karplus se mudou para o laboratório Watson Scientific, financiado pela IBM, que tinha um computador IBM mais rápido e dotado de mais memória do que o ILLIAC. Percebendo muito rapidamente que a carreira na indústria não era para ele, voltou à academia, mas com algo que iria ajudar o progresso de sua pesquisa: o acesso ao IBM 650. Ele continuou trabalhando em problemas que o intrigavam quando estava em Illinois, só que agora tinha os meios para realmente atacá-los, usando o computador IBM para sondar reações químicas no nível molecular.

De volta à natureza Karplus acabou voltando para Harvard e para seu primeiro amor, a biologia. Lá, ele aplicou sua então considerável experiência na química teórica à visão animal. Karplus e sua equipe sugeriram que uma das ligações C–C no retinal – uma forma de vitamina A que detecta luz no olho – se torcia quando exposta à luz e que esse movimento era fundamental para a visão. Seus cálculos teóricos previram a estrutura que a ação de torção iria produzir. No mesmo ano, resultados experimentais provaram que eles estavam certos.

Resultados teóricos da química computacional frequentemente andam de mãos dadas com a evidência empírica. A teoria sustenta a observação, exatamente do mesmo modo que a observação sustenta a teoria. Juntas, elas geram um argumento bem mais convincente do que quando separadas. Depois de Max Perutz ter produzido estruturas cristalinas para hemoglobina – a molécula que carrega oxigênio no sangue –, Karplus apresentou um modelo teórico para explicar como ambas interagem.

Química computacional | 113

Campo dinâmico Karplus continuou a estudar como as cadeias de proteína se dobram para formar moléculas de proteína ativas e a trabalhar com seu aluno de pós-graduação, Bruce Gelin, no desenvolvimento de um programa que pudesse ajudar o cálculo de estruturas proteicas a partir de uma combinação de sequências de aminoácido e dados de cristalografia de raio-X (ver página 90). A iniciativa resultante CHARMM (Chemistry at Harvard Macromoleculas Mechanics) em dinâmica molecular ainda está avançando com força.

> Unindo biologia, química... e física
>
> Martin Karplus não teve de aprender apenas química para explicar a biologia; para fazer isso, ele teve de unir a química com a física. O Prêmio Nobel (em Química) que Karplus e seus colegas receberam em 2013 (ver página 111) foi concedido pelo domínio tanto da física clássica quanto da quântica para desenvolver modelos poderosos que permitiriam aos químicos modelar moléculas realmente grandes – como aquelas encontradas em sistemas biológicos.

Hoje, modelos e simulações são quase tão importantes para o campo da química quanto o são para a economia. Os químicos estão desenvolvendo modelos computacionais que conseguem simular reações e processos como a dobra de proteínas no nível atômico. Esses modelos podem ser aplicados a processos que seriam praticamente impossíveis de se perceber em ação por acontecerem numa escala de fração de segundo.

A ideia condensada: Modelagem de moléculas com computadores

28 Carbono

O carbono é o elemento químico acusado de destruir o ambiente. No entanto, ele é a base da vida na Terra – tudo o que um dia teve vida foi feito com moléculas contendo carbono. Como um pequeno átomo se introduziu em cada canto do planeta? E como dois compostos contendo nada além de carbono podem ter uma aparência completamente diferente?

Se há um elemento sobre o qual se ouve falar mais do que qualquer outro, é o carbono. A maior parte do que ouvimos é ruim, claro – o carbono está entupindo a atmosfera e atrapalhando o clima da Terra. O foco constante em se limitar as emissões de carbono significa que consideramos esse elemento uma força a ser domada. Portanto, é fácil esquecer que o carbono propriamente dito não passa de uma bolinha de prótons e nêutrons rodeada por uma nuvem de seis elétrons. Um simples elemento químico posicionado acima do silício na Tabela Periódica. Então, fora as transgressões ambientais, o que há de tão importante a respeito do carbono que faz com que ele mereça atenção especial?

O que às vezes negligenciamos é o fato de o carbono ser a base de tudo o que é vivo na Terra – tudo o que cresce, rasteja, paira e voa. É o carbono que forma a coluna vertebral química de todas as moléculas biológicas, do DNA às proteínas, das gorduras aos neurotransmissores flutuando entre as sinapses do nosso cérebro. Se você pudesse pegar todos os átomos no seu corpo e os contasse, mais de um em seis seriam de carbono. Só haveria mais átomos de oxigênio, visto que a maior parte do seu corpo é água.

Orgânico e inorgânico A extraordinária diversidade de compostos que contêm carbono se deve à disposição do carbono para se ligar a si mesmo – assim como a outros átomos de carbono – e formar anéis, cadeias e outras estruturas sofisticadas. A natureza, sozinha, é capaz de fazer milhões de diferentes compostos de carbono complexos. Muitos irão provavelmente desaparecer até antes de os encontrarmos, já que as plantas, animais ou in-

linha do tempo

1754	1789	1895
Joseph Black descobre o dióxido de carbono	Antoine-Laurent Lavoisier propõe o nome "carbono"	Svante Arrhenius apresenta um artigo sobre o efeito do carbono atmosférico

setos que os formam se extinguem. Com o acréscimo da engenhosidade humana, a possibilidade de fazer novos compostos de carbono de modo sintético é praticamente infinita.

Todos esses compostos de carbono estão no âmbito daquilo que os químicos denominam química orgânica. Esse rótulo "orgânico" pode induzi-lo a achar que eles se limitam aos compostos feitos pela natureza, e, de fato, as substâncias químicas eram inicialmente classificadas dessa maneira. Mas hoje reconhecemos tanto os plásticos quanto as proteínas como substâncias químicas orgânicas, porque ambos contêm esqueletos de carbono. Quase todos os compostos que contêm carbono, com algumas notáveis exceções, são orgânicos, independentemente de serem feitos numa beterraba, numa bactéria ou na bancada de um laboratório de química.

Em geral, qualquer coisa que não seja orgânica é inorgânica. Do mesmo modo que a química orgânica, a química inorgânica tem suas subdivisões, mas é um sinal da importância do carbono que a química seja dividida dessa forma. Um dos párias mais evidentes é a molécula que polui a nossa atmosfera: o dióxido de carbono. Ele realmente não cabe em qualquer subdivisão. Embora contenha carbono, não tem os que os químicos chamam de "grupo funcional". A maior parte dos compostos orgânicos pode ser ainda mais subdividida com base em quais grupos de átomos sustentam seus esqueletos de carbono. Mas como o dióxido de carbono só tem um par de átomos de oxigênio, é deixado num local "intermediário", um tanto estranho.

Há uma classe inteira de exceções conhecida como organometálicos. São compostos que contêm carbono, nos quais determinados carbonos são ligados a metais. Os compostos organometálicos são vistos como algo entre orgânico e inorgânico, e pertencem mais frequentemente ao campo de estudo dos químicos inorgânicos. Não são substâncias químicas particularmente obscuras sob qualquer ponto de vista, tampouco são produzidas exclusivamente em laboratórios de química. As moléculas de hemoglobina que transportam o oxigênio no sangue abrigam átomos de ferro, e a vitamina B12 contém cobalto (ver página 50). Do mesmo modo que a B12, compostos organometálicos tendem a ser bons catalisadores.

Compostos só de carbono Outro composto de carbono interessante é o diamante, que é inteiramente carbono e, no entanto, não é considerado

1985
Os fulerenos são criados em laboratório

2009
Cento e dez líderes mundiais se reúnem na conferência Copenhague para discutir ações sobre a mudança climática

2010
Concedido o Prêmio Nobel de Física pela obtenção do grafeno a partir da grafite

orgânico. (Algumas vezes é melhor não questionar os sistemas de classificação dos químicos.) Há diversos compostos de carbono puro fascinantes com os quais vale apena se familiarizar. Além do diamante, há a fibra de carbono, os nanotubos de carbono, os fulerenos, a grafite e um composto de carbono com estrutura de tela de arame e espessura de um átomo chamado grafeno, que os químicos esperam que seja a próxima grande novidade na eletrônica (ver página 186).

> **"A ligeira percentagem de [carbono] na atmosfera pode, pelos avanços da indústria, ser alterada num grau notável ao longo de alguns séculos."**
> Svante Arrhenius, 1904

O estranho é que se você pensa num diamante e numa grafite de lápis, eles parecem não ter qualquer semelhança entre si (ver "Diamantes *versus* grafite de lápis", página seguinte). Os dois são inteiramente feitos de átomos de carbono, apenas arrumados de modos diferentes. Como resultado de suas diferentes estruturas atômicas – a maneira como os átomos estão ligados –, eles têm aparência e propriedades completamente diferentes. O grafeno, por outro lado, não é tão diferente da grafite em termos de estrutura. Na verdade, é possível usar fita adesiva para puxar lâminas com a espessura de um átomo de um pedaço de grafite de lápis.

Carbono liberado Toda essa química interessante e útil não livra a cara do carbono. Ou, ao contrário, não livra a nossa cara. Os combustíveis fósseis que queimamos para obter energia são hidrocarbonetos, e quando os combustíveis contendo carbono, como petróleo e carvão, são queimados, a reação de combustão produz o dióxido de carbono. Essa reação de combustão libera o carbono que estava preso sob o solo há milhões de anos para a atmosfera, onde vai impedir que a radiação infravermelha escape para o espaço – um processo chamado efeito estufa, que está ajudando a aumentar o aquecimento global. Independentemente do papel que o carbono desempenha em nosso corpo, ou na grafite de um lápis, ou em dispositivos eletrônicos potenciais do futuro, o fato de que estamos liberando bilhões de toneladas dessa coisa todos os anos permanece um enorme problema.

Diamantes versus grafite

No diamante, cada átomo de carbono está ligado a quatro outros átomos de carbono; na grafite, cada átomo de carbono só está ligado a outros três. Enquanto as ligações no diamante esticam em diferentes direções, na grafite elas formam um plano achatado. Isso significa que a estrutura do diamante é uma rede tridimensional rígida, ao passo que a grafite é formada por uma pilha de camadas de carbono frouxamente ligadas. As camadas na grafite do lápis são unidas por forças de atração fracas, chamadas forças de Van der Waal, mas elas são rompidas facilmente – basta apertar o lápis no papel para soltar a camada mais alta. Essas diferenças estruturais em nível molecular tornam o diamante muito duro e a grafite, comparativamente, muito mole.

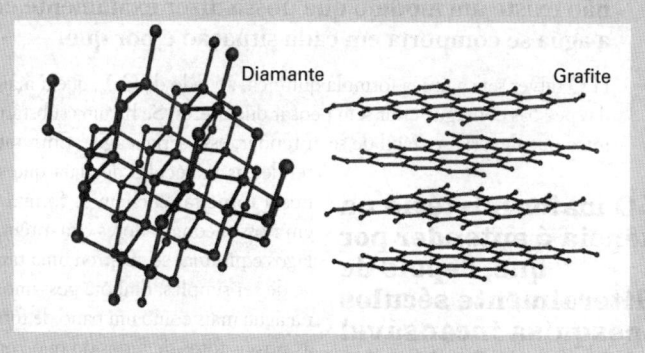

Diamante   Grafite

A ideia condensada: Um elemento, muitas faces

29 Água

Você não podia imaginar que a água tivesse tantos segredos – é possível enxergar através dela, para começar –, mas a água tem profundidades ocultas: se os compostos de carbono são a base da vida, então a água é o meio no qual ela prospera e sobrevive. No entanto, apesar de décadas de pesquisas sobre sua estrutura, ainda não existe um modelo que possa dizer exatamente como a água se comporta em cada situação e por quê.

H_2O talvez seja a única fórmula química, ao lado de CO_2, que a maior parte das pessoas consegue citar sem pensar duas vezes. Se há uma substância química que deveria ser fácil de se entender, essa seria a água. Entretanto, entender as moléculas de água que saem da nossa torneira, enchem as formas de gelo em nossos congeladores e mantêm úmidos lagos e piscinas se mostrou uma tarefa longe de ser simples. Embora possamos pensar na água mais como um pano de fundo para as nossas fotos de férias do que como uma substância química, uma substância química é exatamente o que ela é, e, ainda por cima, complicada.

> **"O maior mistério na ciência é entender por que, depois de literalmente séculos de pesquisa incansável e debates infindáveis, continuamos incapazes de descrever e predizer exatamente as propriedades da água."**
>
> Richard Saykally

Por exemplo, se você achava que a água tem apenas três formas diferentes – líquida, vapor e gelo –, enganou-se. Alguns modelos sugerem que há duas fases líquidas distintas (ver página 26) e até vinte diferentes fases de gelo. Há uma série de coisas a respeito da água que realmente não sabemos, mas vamos começar com o que sabemos.

Por que a água é essencial à vida A água está por toda parte. Como o químico norte-americano e especialista em água Richard Saykally gosta

linha do tempo

Século VI a.C.	1781	1884
O filósofo grego Tales de Mileto chama a água de fonte da vida	A composição da água é revelada por Henry Cavendish	Primeira proposta de "aglomerados" de água

A contribuição da água nas mudanças climáticas

Muito recentemente, físicos da Academia Russa de Ciência, em Nizhny Novgorod, chegaram perto de resolver um dos mistérios que atormentavam havia tempos os cientistas que estudavam a química da nossa atmosfera. A água parecia absorver muito mais radiação do que era previsto pelos modelos teóricos baseados em sua estrutura. A diferença entre os valores previstos e os valores reais poderia ser explicada pela presença de dímeros – moléculas de água dupletos – flutuando pela atmosfera, mas ninguém conseguiu provar que eles realmente existem. Para encontrar esses dímeros elusivos, Mikhail Tretyakov e sua equipe chegaram a inventar um tipo de espectrômetro inteiramente novo para as suas experiências. Os resultados obtidos forneceram uma "impressão digital" de absorção para a água que, mais do que nunca, foi claramente associada com os dímeros suspeitos e podiam nos ajudar a entender exatamente como a água contribui para a absorção do espectro infravermelho em nossa atmosfera.

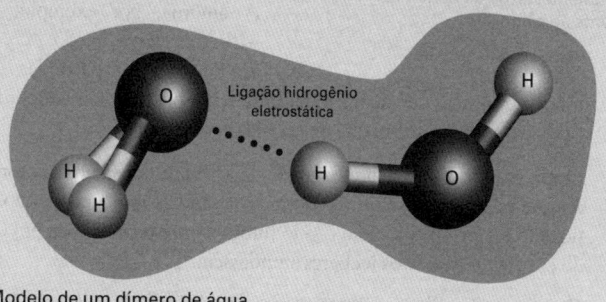

Modelo de um dímero de água (Ligação hidrogênio eletrostática)

de lembrar às pessoas, ela é a terceira molécula mais abundante no Universo e cobre quase três quartos da superfície do nosso planeta. Se você já ouviu astrônomos martelando sobre a busca de água em Marte (ver página 126) é porque eles estão interessados em encontrar vida em algum outro lugar do cosmos, e água é, verdadeiramente, muito importante para a vida. A água líquida, especialmente. Isso porque ela tem algumas propriedades químicas e físicas exclusivas que a tornam idealmente adequada para abrigar vida e as reações químicas que a conduzem.

Primeiro, a água é um solvente fantástico – dissolve praticamente qualquer coisa e muito que ela dissolve precisa ser dissolvido para sofrer reações. É

1975 — Boutron e Alben publicam um modelo de moléculas de água com estrutura de anel

2003 — Nave espacial da NASA encontra grandes quantidades de água em Marte

2013 — Nova evidência de dímeros de água na atmosfera da Terra

> ## Vida sem água
>
> Em geral, pensamos que a vida inexiste sem água. Mas será que isso é verdade? As proteínas – as moléculas que formam enzimas e estruturas como os músculos no nosso corpo – eram antes consideradas dependentes de água para manter seu formato e executar suas muitas tarefas. Mas, em 2012, cientistas na Universidade de Bristol, na Inglaterra, perceberam que a mioglobina – a molécula que une o oxigênio nos músculos – mantém sua estrutura quando é privada de água e, curiosamente, torna-se bem mais resistente ao calor.

isso que permite a outras substâncias químicas nas nossas células reagirem para formar um metabolismo em funcionamento. A água pode também fazer com que substâncias químicas se movimentem em torno de uma célula ou um corpo, além de permanecer líquida em uma faixa excepcionalmente grande de temperaturas, se comparada a outras substâncias químicas. Você pode achar óbvio que a água congele a 0 °C e ferva a 100 °C, mas não vai encontrar muito mais substâncias que permaneçam líquidas entre esses extremos. A amônia, por exemplo, congela a –78 °C e ferve a –33 °C, e, como a amônia, a maior parte das outras substâncias químicas que ocorrem naturalmente não são nem sequer líquidas no tipo de temperatura em que existe vida na Terra.

Outra grande vantagem da água é ela ser mais densa em sua forma líquida do que na sólida – resultado do modo como as moléculas estão arranjadas no gelo e motivo pelo qual o gelo flutua. Pense na confusão em que o mundo estaria metido se os icebergs afundassem.

O que mais sabemos a respeito da água A molécula de água é dobrada, meio como um bumerangue, e é muito, muito pequena, mesmo quando comparada a outras moléculas comuns como CO_2 e O_2, significando que você realmente pode concentrar um sem-número delas em um espaço pequeno. Uma garrafa de 1 litro contém cerca de 33 septilhões de moléculas de água – o número 33 seguido por 24 zeros. Por algumas estimativas, isso é três vezes mais moléculas do que a quantidade de estrelas no Universo. Esse empacotamento apertado, além das ligações de hidrogênio que atraem os átomos de oxigênio de uma molécula para os átomos de hidrogênio de outras (ver página 22), é o que impede as moléculas de voar e mantém a água como um líquido, em vez de um gás.

Isso não quer dizer que as moléculas na água líquida estejam presas no mesmo lugar – longe disso. A água é dinâmica. As ligações de hidrogênio que mantêm a água unida se quebram e se reformam trilhões de vezes a cada segundo, de modo que dificilmente haveria tempo para que um grupo de moléculas se formasse antes de já ter desaparecido. Por outro lado, a evaporação de uma molécula de água só acontece muito "raramente", a apenas 100 milhões de vezes por segundo a partir de cada nanômetro quadrado de superfície de água.

O que não sabemos sobre a água Sabemos muito sobre a água, mas há também muito que não sabemos. Aquele raro evento da evaporação, por exemplo, que exige a quebra de ligações de hidrogênio para libertar uma molécula de água da superfície, não é muito bem entendido. O fato de que não aconteça com muita frequência não ajuda.

> **"Nada é gerado ou destruído, já que um tipo de entidade primária sempre persiste... Tales diz que a entidade permanente é a água."**
>
> **Aristóteles,** Metafísica

E apesar de uma série de técnicas de ponta usadas para sondar a estrutura da água, esses "aglomerados" que parecem tremular para dentro e para fora da existência também não são muito bem entendidos. Mesmo a ideia de aglomerados de água é discutível. Se eles existem de modo tão transitório, como podem formar uma coisa a que chamamos de estrutura?

Centenas de modelos diferentes foram propostos na tentativa de explicar a estrutura da água, mas nenhum deles captura seu comportamento sob todas as suas formas diferentes, e sob uma ampla variedade de condições diferentes. Grupos de pesquisa pelo mundo todo, incluindo o de Richard Saykally, no Lawrence Berkeley National Laboratory, na Califórnia, vêm trabalhando duro há décadas, tentando solucionar esse problema notavelmente complexo. O grupo de Saykally está usando algumas das técnicas de espectroscopia mais poderosas e sofisticadas disponíveis, e lançando mão de modelos de mecânica quântica para explicar as propriedades dessa molécula minúscula sobre a qual se baseia toda a vida.

A ideia condensada: Há muita coisa acontecendo abaixo da superfície

30 Origem da vida

As origens da vida na Terra vêm preocupando cientistas e pensadores desde Charles Darwin até os químicos modernos. Todo mundo quer saber como a vida começou, mas a verdade é que essa é uma pergunta difícil de se responder definitivamente. Há, no entanto, um ponto para toda essa ponderação: encontrar o critério mínimo exigido para criar vida artificial em laboratório.

Há 4 bilhões de anos, algumas substâncias químicas se uniram e formaram um protótipo de célula. Onde isso ocorreu é assunto controverso – pode ter acontecido perto do fundo do oceano, em uma piscina vulcânica quente, em um pântano salpicado de espuma ou, se você acredita na teoria da "panspermia", em outro planeta inteiramente diferente. A localização é tudo, mas, por enquanto, o tema permanece especulativo.

Hoje, tudo o que é vivo emerge de outras coisas vivas – animais dão à luz, plantas fazem sementes, bactérias se replicam e levedo floresce. Mas as primeiríssimas formas de vida devem ter surgido de coisas não vivas, como resultado de substâncias químicas se chocando e se combinando da maneira certa. A primeira célula teria sido simples se comparada ao ser humano moderno, ou até a células bacterianas. Provavelmente era apenas um saco de substâncias químicas que, juntas, constituíam um metabolismo muito básico. Algum tipo de molécula autorreplicante também deve ter estado presente a fim de que informações pudessem ser passadas adiante para outras células futuras. Isso pode ter criado um código genético simples, mas não teria sido nada tão complicado como DNA (ver página 142).

Só podemos fazer suposições quanto às moléculas e às condições que iniciaram a vida na Terra; esse é um jogo de adivinhação que muitos químicos estão dispostos a jogar. Porque o entendimento da primeira vida não apenas nos ensina algo sobre as nossas próprias origens, mas inspira os químicos que estão tentando criar novas formas de vida em laboratório.

linha do tempo

1871	1924	1953
Darwin imagina a vida começando em um "laguinho quente"	*The Origin of Life*, de Oparin, introduz a teoria da sopa primordial	Publicação das experiências de Stanley Miller sobre a origem da vida

A sopa de Miller Você pode ter ouvido falar de Stanley Miller e suas famosas experiências sobre as origens da vida nos anos 1950. Ou, pelo menos, se você não ouviu falar dele, deve ter ouvido a respeito de sua sopa. Miller foi o químico norte-americano que muitos associam à ideia de que a vida começou numa sopa primordial. Na verdade, sua inspiração veio de um livro menos conhecido de Aleksandr Oparin, de 1924, *The Origin of Life*. A "sopa" de Miller era um preparado de metano, amônia, hidrogênio e água, que ele misturou num frasco em seu laboratório na Universidade de Chicago. A intenção era representar a atmosfera com menos oxigênio da Terra primitiva. Para estimular a ação das substâncias químicas no frasco, ele usou uma centelha elétrica para fornecer energia – simulando os raios na atmosfera inicial.

> **"Nesse aparelho, foi feita uma tentativa de replicar a atmosfera primitiva na Terra."**
> Stanley Miller, escrevendo no periódico *Science*, 1953

A sopa de Miller rendeu algumas das primeiras evidências de que substâncias químicas inorgânicas, com uma ligeira persuasão, podem se unir para formar moléculas orgânicas. Pois quando Miller e seu supervisor, Harold Urey, analisaram os componentes da sopa alguns dias mais tarde, viram que havia a presença de aminoácidos – os tijolos de construção das proteínas.

A teoria da sopa primordial, no entanto, ficou um pouco ultrapassada hoje em dia. Embora as experiências de Miller sejam consideradas, com toda a razão, clássicas entre os fãs e seguidores da química, alguns duvidam que ele tenha misturado corretamente os ingredientes, enquanto outros imaginam se os relâmpagos poderiam realmente ter fornecido a fonte constante de energia necessária para fazer a vida avançar de substâncias químicas orgânicas a células. Previsivelmente, há várias novas teorias acerca da localização exata desses inícios químicos.

A cidade perdida Uma teoria contemporânea sugere que a vida começou no fundo do oceano, em um lugar chamado "Cidade Perdida". Parece atraente, não? A Cidade Perdida, no oceano Atlântico, foi descoberta em 2000 por uma equipe de cientistas liderada por Donna Blackman, da Scripps Institution of Oceanography, na Califórnia. Eles estavam a bordo de um

1986	2011
A hipótese do mundo do RNA propõe que o RNA autorreplicante impulsionou a evolução	Equipe de Cambridge, Inglaterra, cria RNA autorreplicante que consegue copiar mais de 90 letras (bases) de código

O problema da replicação

Em algum ponto, durante a evolução, as células devem ter adotado o DNA como transportador de suas informações; mas, antes disso, elas podem ter usado algo mais simples. O RNA, uma espécie de versão de DNA com uma única hélice, é essa molécula; mas ele deveria se reproduzir sem o mecanismo de cópia especializado das células modernas. Para isso, é provável que de fato tenha agido como uma enzima catalisadora de sua própria replicação. Tudo isso está muito bem, claro, desde que você consiga encontrar uma molécula de RNA que possa se replicar. Mas e se não encontrar? Isso não acaba com a sua teoria? Bem, um pouco. E esse tem sido o problema com a teoria durante muito tempo – cientistas têm vasculhado trilhões de moléculas de RNA com sequências diferentes à procura daquela sequência especial que codificaria a autorreplicação, mas, até agora, não encontraram uma que pudesse fazer um trabalho decente. A maior parte dos "autorreplicadores" só consegue copiar porções de seu próprio código, além do que a exatidão da cópia é muitas vezes ruim. A busca continua.

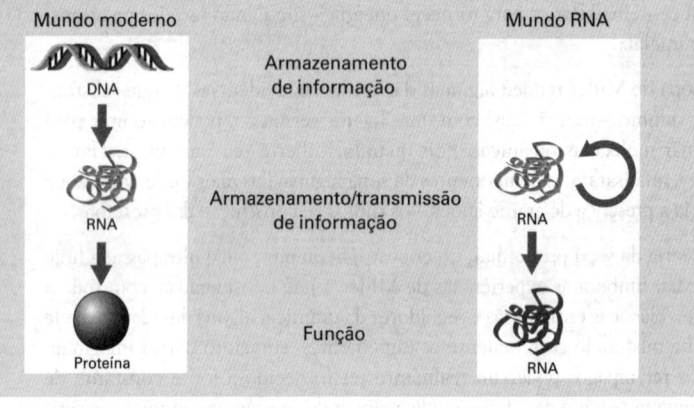

Mundo moderno		Mundo RNA
DNA ↓	Armazenamento de informação	
RNA ↓	Armazenamento/transmissão de informação	RNA ↻ ↓
Proteína	Função	RNA

navio de pesquisa, o *Atlantis*, explorando uma montanha subaquática por meio de um sistema de câmera remota, quando depararam com um campo de respiradouros hidrotérmicos – chaminés com 30 metros de altura cuspindo água quente e alcalina no oceano frio e escuro.

Embora esses sistemas de respiradouros existam em outros lugares no oceano, e outros já tenham sido descobertos décadas antes, alguns químicos acreditam que os respiradouros da Cidade Perdida fornecem as condições perfeitas para a geração da vida na Terra. Aqui, o hidrogênio na água do respiradouro e o dióxido de carbono na água do mar podem se encontrar e reagir, potencialmente formando substâncias químicas orgânicas. Não apenas isso: a água do respiradouro – aquecida desde o fundo por pedras quentes no solo oceânico – provê uma fonte constante de energia.

O outro aspecto atrativo da teoria da Cidade Perdida é que a diferença de acidez entre a água do respiradouro e a água do mar espelham a diferença em acidez através da membrana de uma célula. Seria isso mera coincidência? Não é fácil testar essa teoria no fundo do oceano, mas reatores em pequena escala do tipo Cidade Perdida foram construídos em laboratório.

De volta ao laboratório Nem todos os químicos, no entanto, estudam as origens da vida por pura curiosidade. Alguns estão interessados em descobrir os componentes básicos que constituem a vida com o intuito de criar vida artificial em laboratório. Não estamos falando de criar vacas artificiais ou clonar bebês – é mais sobre criar materiais simples que possam ser usados para fazer membranas celulares.

> **Protocélulas**
>
> Em novembro de 2013, o biólogo ganhador do Prêmio Nobel Jack Szostak e sua equipe criaram uma célula mínima, ou "protocélula", fechada dentro de um envelope gorduroso. Embora fosse mais simples ainda do que até a mais simples bactéria viva atualmente, ela continha RNA capaz de (aproximadamente) se copiar. Essa cópia foi catalisada por íons de magnésio. A substância química citrato teve também de ser acrescentada para impedir que os íons de magnésio destruíssem o envelope externo. Pode ser apenas uma questão de tempo até os cientistas criarem protocélulas inteiramente autorreprodutoras.

Em células naturais, essas membranas são feitas de moléculas adiposas. O truque é introduzir alguma forma de sistema autorreplicante que permita a essas "células" minimalistas se reproduzirem. Alguns cientistas alegam que as protocélulas autorreplicantes estão muito perto de ser realizadas (ver "Protocélulas", acima).

A questão é: Para que servem essas protocélulas? Bem, imagine se você tivesse de projetar um sistema autorreplicante que simplesmente continuasse a fazer mais dele mesmo, desde que fosse alimentado. O que você imagina construir dentro desse sistema? A resposta sensata, claro, é medicamentos e combustíveis. Mas por que parar aí? Você pode sugerir qualquer coisa cujo suprimento inesgotável venha a ser desejável – cerveja ou guloseimas, por exemplo. Os cientistas já estão pensando fora da caixa: uma possibilidade é tintas vivas, autorrenovadoras.

A ideia condensada:
A substância da vida surgiu de matéria não viva

31 Astroquímica

Embora a vacuidade do espaço possa sugerir que não há muita coisa acontecendo lá, há mais do que o suficiente para ocupar químicos interessados na origem da vida, sem falar na possibilidade de vida em outros lugares. Então, além de procurar o óbvio – água em Marte, por exemplo –, qual é a intenção deles?

A atmosfera da Terra é rica em química. É cheia de moléculas que estão constantemente se batendo e reagindo. No nível do mar, cada centímetro cúbico contém cerca de 10^{19} ou 10.000.000.000.000.000.000 de moléculas. O vácuo do espaço, por sua vez, é muito diferente. Cada centímetro cúbico de meio interestelar contém, em média, uma única partícula. Só uma. Isso equivale a uma abelha zunindo em torno de uma cidade do tamanho de Moscou.

Mesmo que você considere a escassez de moléculas, parece muito pouco provável que duas delas jamais irão se encontrar e reagir. Mas há também que se lidar com um problema de energia. A atmosfera da Terra é, no todo, razoavelmente quente, ainda que possa não parecer numa fria manhã de inverno em Londres ou em Nova York. Em regiões do meio interestelar, no entanto, a temperatura pode descer abaixo de um implacável –276 °C. As coisas tendem a se movimentar bem lentamente nesse tipo de condição, o que significa que quaisquer moléculas que se encontrem podem apenas se esbarrar delicadamente ao passar umas pelas outras e não têm a energia necessária para reagir entre si. Dado esse conjunto particular de circunstâncias improváveis, é de se surpreender que haja qualquer química acontecendo de todo. Isso levanta a questão de por que químicos estão interessados no que acontece no espaço.

Áreas de calor Apesar da aparente exiguidade da química propriamente dita, há muitos químicos interessados em estudar seja lá o que exista no espaço, e também por algumas boas razões. A química do espaço pode nos dizer sobre como o Universo começou, de onde vieram os elementos da

linha do tempo

13,8 bilhões de anos atrás	400 mil anos depois do Big Bang
O Big Bang	São formadas as primeiras moléculas – a química se inicia

nossa vida e se a vida pode existir em qualquer outro lugar além do nosso próprio planeta. Mas antes que sequer possamos levar em consideração a química mais complexa das reações biológicas, precisamos pensar mais a respeito das condições no espaço, de quais moléculas estão presentes e como elas criam o cenário para que reações básicas ocorram.

Apenas olhar para as condições médias no espaço não nos diz grande coisa a respeito de como ele seja em qualquer ponto particular. Há lugares em que pode ser esparso e frio, mas o espaço é tão imenso que as condições variam muito.

> **Nós abolimos o espaço aqui, na pequena Terra; jamais conseguiremos abolir o espaço que boceja entre as estrelas.**
>
> **Arthur C. Clarke**, *Profiles of The Future*

O meio interestelar, que enche o espaço entre as estrelas, não é apenas um mar uniforme de partículas de gás. Há nuvens moleculares densas, frias, contendo hidrogênio, mas há também pontos superquentes em torno de explosões estelares.

A maior parte (99%) do meio interestelar é feita de gases – hidrogênio corresponde a mais de dois terços, em massa, e hélio responde por quase todo o restante. As quantidades de carbono, nitrogênio, oxigênio e outros elementos são ínfimas, em comparação. Outro 1% é um componente que pode parecer curioso para aqueles que leram a trilogia de Philip Pullman, *His Dark Materials* [no Brasil, foi lançada como *Fronteiras do Universo*]: poeira. Essa poeira não se parece com a poeira que você pode limpar do parapeito da sua janela ou mesmo – em favor dos fãs de Pullman – com partículas conscientes fictícias.

Poeira   A poeira interestelar é feita de pequenos grãos contendo substâncias como silicatos, metais e grafite. O importante a respeito dessas partículas de poeira é que elas proporcionam às moléculas isoladas que flutuam pelo vasto vazio do espaço um lugar onde ficar. E se elas ficam por ali por tempo suficiente, podem acabar encontrando outra molécula com que reagir. Alguns grãos são revestidos de gelo (gelo de água), de modo que a química do gelo é a chave para a compreensão do que pode acontecer com esses grãos. Outros elementos nas partículas de poeira podem oferecer serviços de catalisadores, ajudando as raras reações a irem lentamente em frente. Onde os ní-

---

1937
Identificadas as primeiras moléculas interestelares

1987
Detecção da acetona no meio interestelar

2009
O total de moléculas detectadas no meio interestelar sobe para mais de 150

2013
Dióxido de titânio é identificado no espaço

Vida em Marte

Nosso vizinho mais próximo no Sistema Solar, Marte sempre atraiu a atenção de cientistas à procura de vida em algum outro lugar no Universo. A presença de água, que os astrobiólogos consideram essencial à vida, foi no início tida como um sinal de que a vida realmente existe lá. Desde então, ficou evidente que grande parte da água em Marte está presa como gelo abaixo da superfície ou grudada a partículas do solo. Teoricamente, um astronauta com sede poderia aquecer alguns punhados de solo marciano para obter um gole d'água. Em 2014, foram publicadas imagens no *Icarus*, periódico científico do Sistema Solar, que mostravam com desconfiança o que pareciam ser ravinas na superfície, levando alguns a sugerir que a água já havia fluído sobre o Planeta Vermelho. Mas não há evidências de que a água – sob qualquer forma – já tenha sustentado vida em Marte ou que o faça atualmente.

veis de energia forem baixos, as reações podem também ser ajudadas pela radiação UV na luz das estrelas, nos raios cósmicos e nos raios-X, ao mesmo tempo que há algumas reações que não precisam de energia alguma.

Em 2013, astrônomos que faziam observações por rádio do céu distante com o telescópio Submillimeter Array, no Havaí, descobriram sinais de dióxido de titânio em partículas de poeira ao redor da estrela VY Canis Majoris, supergigante e muito luminosa. O dióxido de titânio é a mesma substância química usada em protetor solar e para fazer o pigmento em tinta branca. Eles sugeriram que, na poeira espacial, a substância química pode ser importante para catalisar reações que formam moléculas maiores, mais complexas.

Semeando vida Moléculas maiores, no entanto, são muito raras no espaço, pelo que sabemos. Faz menos de oitenta anos desde que as primeiras moléculas interestelares – os radicais CH^-, CN^- e CH^+ – foram identificadas. Desde então, outras 180 foram confirmadas, a maior parte com seis átomos ou menos. Acetona – $(CH_3)_2CO$ –, com dez átomos, é uma das moléculas maiores e foi detectada pela primeira vez em 1987. Grandes moléculas contendo carbono, como os hidrocarbonetos aromáticos policíclicos (PAHs), são aquelas nas quais os astroquímicos estão realmente interessados, porque elas podem lhes dizer algo a respeito de como as moléculas orgânicas foram inicialmente formadas. PAHs e outras moléculas orgânicas são frequentemente ligadas a teorias sobre a origem da vida, nas quais se imagina que elas tenham semeado vida na Terra. Aminoácidos também foram detectados, mas não confirmados.

Os astroquímicos não apenas procuram as assinaturas de moléculas interessantes. Eles têm outras ferramentas em sua caixa: conseguem simular o que possa estar acontecendo no espaço em seus próprios laboratórios. Com o uso de câmaras de vácuo, por exemplo, é possível recriar pequenos bolsos do vasto "vazio" interestelar, que sabemos não ser inteiramente vazio, e tentar descobrir como as reações poderiam se dar ali. Junto com modelagem, essa abordagem prevê moléculas e reações que podem mais tarde vir a

PAHs

Hidrocarbonetos aromáticos policíclicos (PAHs) são um grupo diverso de moléculas, todas contendo estruturas benzênicas em anel. Na Terra, eles são produto de combustão incompleta e pipocam em torradas e carne de churrasco queimadas, bem como em fumaça de carro. Os PAHs vêm sendo detectados por todo o Universo desde meados dos anos 1990, inclusive em regiões primitivas onde se formam estrelas, embora a presença deles não tenha sido diretamente confirmada.

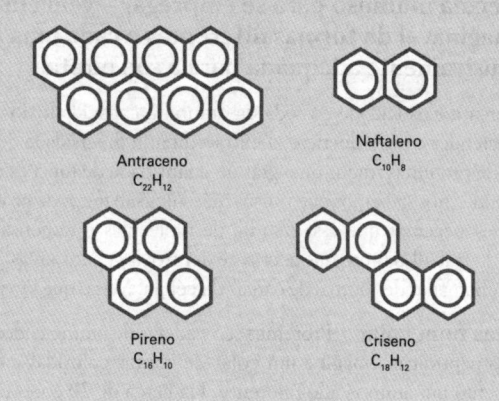

Antraceno
$C_{22}H_{12}$

Naftaleno
$C_{10}H_8$

Pireno
$C_{16}H_{10}$

Criseno
$C_{18}H_{12}$

ser confirmadas à medida que a tecnologia progride. Telescópios novos e potentes como o Atacama Large Millimeter Array, no deserto de Atacama, no Chile, devem ajudar os químicos a provar, ou refutar, algumas de suas teorias mais extravagantes.

A ideia condensada:
Química com telescópios

32 Proteínas

Supõe-se que a proteína seja parte fundamental da nossa dieta, mas será que sabemos exatamente por quê? O que a proteína realmente faz em nosso corpo? Muito mais do que lhe damos crédito, na verdade. A proteína é a molécula multiuso para se empregar – vem em número inimaginável de formas diferentes e cada uma é exclusivamente adequada para a sua tarefa.

Da força e elasticidade da seda da aranha à capacidade dos anticorpos em nos defender contra doenças, a extraordinária diversidade dentro das estruturas de proteínas traduz uma grande quantidade de funções diferentes. Embora todos nós saibamos que nossos músculos são feitos de proteínas, algumas vezes esquecemos que essa família de moléculas é responsável pela maior parte do trabalho bruto que acontece dentro das coisas vivas. Elas são muitas vezes chamadas de "burros de carga" da célula. Mas o que são proteínas?

Contas num colar Proteínas são cadeias de aminoácidos unidas por ligações peptídicas. Imagine um colar de contas coloridas em que cada cor representa um aminoácido diferente. Há cerca de 20 cores ou aminoácidos diferentes encontrados na natureza. Aqueles fabricados pelo seu corpo são chamados aminoácidos não essenciais, e aqueles que você precisa adquirir por meio do alimento são chamados de aminoácidos essenciais (ver "Aminoácidos essenciais e não essenciais", página 133).

Nem todos os aminoácidos são fabricados por organismos vivos. Um meteorito que caiu perto de Murchison, na Austrália, em 1969, carregava pelo menos 75 aminoácidos diferentes. Só na década anterior, as experiências de Stanley Miller sobre a origem da vida (ver página 123) já tinham provado que os aminoácidos podiam ser feitos a partir de moléculas simples, inorgânicas, sob condições como as de uma Terra de 4 bilhões de anos.

Cada aminoácido é baseado numa estrutura universal – cuja forma mais geral é $RCH(NH_2)COOH$. Isso inclui um átomo central de carbono unindo

linha do tempo

1850	1955	1958
Primeira síntese de um aminoácido (alanina) realizada por Adolph Strecker	Frederick Sanger determina a sequência de aminoácidos da insulina	Kendrew e Perutz produzem a primeira estrutura de proteína em alta resolução (mioglobina) por cristalografia de raios-X

uma NH_2 (amina), um COOH (ácido carboxílico) e um átomo de hidrogênio. O grupo "R" unido ao carbono central é a parte que dá ao aminoácido suas propriedades exclusivas. Seda de aranha, por exemplo, contém muita glicina, o aminoácido menor e mais simples, que tem apenas um hidrogênio extra em seu grupo R. Acredita-se que a glicina contribua para a elasticidade das fibras.

> **"Quando vi a alfa-hélice e percebi que estrutura linda e elegante ela era, fiquei atônito."**
>
> **Max Perutz,** com a descoberta da estrutura alfa-hélice da hemoglobina

A ordem em que as contas estão dispostas no colar de proteínas é chamada estrutura primária da proteína – sua sequência de aminoácidos. Então, do mesmo modo que o DNA, a proteína pode ser "sequenciada". Dependendo do tipo de seda e de como ela é usada, as proteínas da seda de aranha têm sequências de aminoácidos ligeiramente diferentes. Entretanto, pensa-se que 90% de cada sequência seja formada por blocos repetidos contendo entre 10 e 50 aminoácidos.

Superestruturas Os níveis mais altos de estruturas nas proteínas são formados a partir de dobras e partes espiraladas (estrutura secundária) de cadeias de aminoácidos até chegar a sua forma tridimensional global (estrutura terciária). Alguns "motivos" secundários aparecem reiteradas vezes: voltando outra vez ao exemplo da seda de aranha, a seda forte que as aranhas comuns tecem em círculos para construir as estruturas de suas teias é feita de cadeias que são mantidas unidas em folhas por ligações de hidrogênios extensas (ver página 22). O chamado motivo de folha-β é também encontrado na queratina, outra proteína estrutural que forma parte da nossa pele, cabelo e unhas.

Um motivo ainda mais comum é a estrutura alfa-hélice parecida com uma mola, encontrada na hemoglobina – o componente do sangue que transporta o oxigênio – e na proteína muscular mioglobina.

Acredita-se que são as folhas-beta as responsáveis pela resistência das fibras da proteína na seda de aranha, uma qualidade comparada à do aço. (Vale a pena notar que essa resistência incrível é combinada a uma elasticidade maior do que a do *nylon* e a uma dureza maior do que a do Kevlar – polímero artificial usado em coletes à prova de balas.) As fibras renderam

1988
A proteína quimosina feita por levedo geneticamente modificado é aprovada para uso em alimentos

2009
Prêmio Nobel de Química concedido pelo trabalho com reações de montagem de proteínas

União de aminoácidos

O mecanismo da célula responsável por enfiar as contas de aminoácidos em um fio de proteína são os ribossomos. A tarefa deles é formar as ligações peptídicas que unem cada conta – uma ligação é formada quando o grupo carboxila de um aminoácido reage com o grupo amina do seguinte, liberando uma molécula de água. O ribossomo é capaz de ligar cerca de 20 aminoácidos a cada segundo, usando as instruções fornecidas pelo código do DNA.

Esse ritmo rápido de trabalho significa que a reação química que forma as ligações tem sido difícil de ser estudada. Mas já tendo usado cristalografia de raios-X (ver página 90) para observar a estrutura do ribossomo, o químico norte-americano Thomas Steitz conseguiu examiná-la. Ele cristalizou o ribossomo em diversos momentos da reação de ligação para produzir estruturas tridimensionais que revelaram o passo em detalhes e permitiu que os átomos importantes fossem identificados com grande precisão. Em 2009, Steitz ganhou o Prêmio Nobel de Química por seu trabalho.

Glicina ligada a alanina para formar o dipeptídeo glicilalanina.

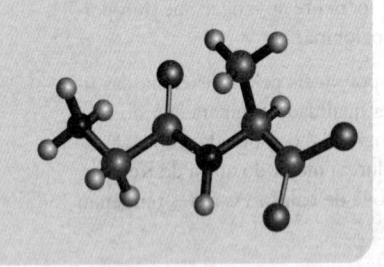

inspiração a diversas empresas que agora estão tentando produzir seda de aranha artificial. Uma delas, feita pelos Kraig Biocraft Laboratories, é uma fibra parecida com seda de aranha chamada Monster Silk, fiada por bichos da seda geneticamente modificados. A empresa não tem a intenção apenas de copiar a seda natural; sua proposta é melhorá-la, por exemplo, incorporando funções antibacterianas.

Papéis múltiplos As proteínas não apenas constroem estruturas, elas controlam e permitem que aconteça grande parte do que se dá dentro da célula. Por algumas estimativas, uma célula animal típica tem cerca de 20% de proteína e contém milhares de tipos diferentes de proteínas. Essa diversidade de formas não é difícil de se imaginar se você atentar para o fato de que há mais de três milhões de combinações possíveis de contas em uma cadeia de proteínas com apenas cinco aminoácidos de comprimento, e a maior parte é muito, muito mais longa. Mas mesmo quando as proteínas não estão construindo estruturas, sua configuração permanece crucial.

Um dos papéis mais importantes desempenhados pelas proteínas na célula é o de catalisador biológico – enzimas (ver página 134) –, que controla as taxas de reações químicas. Aqui, a estrutura da proteína e a configuração tridimensional são fundamentais, pois determinam como a enzima interage com as moléculas envolvidas na reação. Catalisadores biológicos são frequentemente muito específicos quanto às reações que dirigem, mais ainda do que os catalisadores químicos usados para acelerar reações na indústria.

A estrutura da proteína é também vital para as moléculas de imunoglobulina – anticorpos – que nosso sistema imunológico utiliza para combater doenças. Quando você contrai uma cepa particular de gripe, seu corpo produz anticorpos contra ela para evitar que você sucumba a essa cepa específica no futuro. Os anticorpos são moléculas de imunoglobulinas com bases proteicas que reconhecem e se ligam especificamente a uma porção do vírus da gripe, e o reconhecimento é baseado nas estruturas deles. Por meio de rearranjos nos genes das células que produzem anticorpos, nosso corpo consegue criar estruturas de proteína para lidar com milhões de invasores diferentes.

Infelizmente, a importância da estrutura da proteína nunca fica mais evidente do que quando algo dá errado. A doença de Parkinson é o resultado de proteínas mal dobradas nas células nervosas. Os cientistas ainda estão tentando compreender se as proteínas malformadas são também a raiz de outras doenças arrasadoras, como Alzheimer.

> ## Aminoácidos essenciais e não essenciais
>
> Em seres humanos adultos, os aminoácidos não essenciais, que devem ser absorvidos dos alimentos, são geralmente fenilalanina, valina, treonina, triptofano, isoleucina, metionina, leucina, lisina e histidina. Os aminoácidos essenciais são usualmente alanina, arginina, ácido aspártico, cisteína, ácido glutâmico, glutamina, glicina, prolina, serina, tirosina, asparagina e selenocisteína. O organismo de algumas pessoas, no entanto, não consegue fabricar todos esses aminoácidos não essenciais, de modo que elas precisam ingerir suplementos para obtê-los.

A ideia condensada: A função segue a forma

33 Ação enzimática

Do mesmo modo que os catalisadores biológicos, as enzimas conduzem reações que vão dos processos metabólicos do nosso corpo às reações que permitem que vírus se multipliquem dentro de nossas células. Durante o século passado, dois modelos de ação enzimática dominaram nosso pensamento acerca de como as enzimas funcionam. Os dois modelos tentam explicar como cada enzima é específica para a reação que ela catalisa.

O bioquímico alemão Hermann Emil Fischer parece ter tido uma curiosa obsessão por bebidas quentes, focalizando seu interesse na substância química purina no chá, no café e no chocolate quente. Em algum ponto, ele acrescentou açúcar à mistura – e leite, sob a forma de lactose. Por caminhos indiretos, isso o levou ao estudo das enzimas. Em 1894, ele provou que a reação de hidrólise que divide a lactose em dois açúcares componentes pode ser catalisada por uma enzima, e naquele mesmo ano publicou um artigo que delineia uma teoria de como a enzima funciona.

Fechadura e chave As enzimas são os catalisadores biológicos (ver página 50) que dirigem as reações em todas as coisas vivas. A teoria "fechadura e chave" de Fischer sobre a ação enzimática foi baseada na observação de que um de seus preciosos açúcares vinha sob duas formas estruturais ligeiramente diferentes (isômeros) cujas reações de hidrólise eram catalisadas por duas enzimas distintas oriundas de fontes naturais. A reação da versão "alfa" só funcionava com uma enzima do levedo, enquanto a reação da versão "beta" só funcionava com uma enzima de amêndoas. Mesmo contendo igual número de átomos, unidos na maior parte do mesmo modo, os dois açúcares não encaixavam as mesmas enzimas. Fischer considerou as duas formas de açúcar como chaves que só entram nas fechaduras corretas.

linha do tempo

1894
Hermann Emil Fischer propõe o modelo "fechadura e chave" de ação enzimática

1926
Primeira cristalização de uma enzima (uréase) por James Sumner

1930
J. H. Northrup relata a cristalização da pepsina

O sítio ativo

O sítio ativo de uma enzima é a porção que carrega o substrato e onde ocorre a reação entre enzima e substrato. Ele pode ser formado por apenas alguns aminoácidos. Qualquer coisa que mude a estrutura do sítio ativo altera o encaixe e torna menos provável a ocorrência daquela reação. Por exemplo, o aumento ou a diminuição no pH afeta o número de íons de hidrogênio que flutuam ao redor (ver página 46). Esses íons de hidrogênio interagem com grupos de aminoácidos no sítio ativo e alteram a estrutura. Qualquer molécula que se ligue a uma enzima de modo a bloquear diretamente o sítio ativo é chamada inibidor competitivo, já que "compete" com o substrato. As moléculas que se ligam a qualquer outro lugar mas ainda assim modificam a estrutura o suficiente para inutilizar a enzima são chamadas inibidores não competitivos. Mudanças genéticas também podem afetar a ação da enzima, especialmente se traduzidas em mudanças nos aminoácidos nos sítios ativos. Por exemplo, na doença de Gaucher, as mutações que afetam o sítio ativo de uma enzima chamada glucocerebrosidase levam ao acúmulo de substratos nos órgãos. Entretanto, é possível substituir a enzima defeituosa – no mundo todo, cerca de 10 mil pessoas com doença de Gaucher estão recebendo terapia de substituição de enzima.

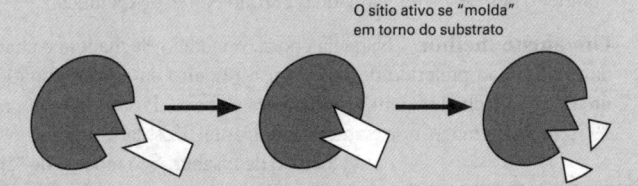

O sítio ativo se "molda" em torno do substrato

Enzima + substrato → Complexo enzima + substrato → Enzima + produtos

Expandindo essa teoria para enzimas e seus substratos (as "chaves") de modo mais geral, Fischer desenvolveu o primeiro modelo de ação enzimática que poderia explicar uma característica fundamental das enzimas: sua especificidade. Somente décadas depois da morte de Fischer é que esse modelo foi ultrapassado – mas nesse meio-tempo houve outro trabalho a ser feito sobre enzimas.

Prove que estão errados Um fato que não ficou aparente para Fischer foi que todas as enzimas partilham da mesma descendência molecular – são proteínas, feitas de aminoácidos (ver página 130). Isso ficou claro

1946
Sumner ganha o Prêmio Nobel de Química

1958
Daniel Koshland Jr. propõe o modelo de "ajuste induzido" de ação enzimática

1995
Revelada a estrutura cristalina da urease

para James Sumner, outro químico carismático, mas ele teve dificuldades em provar isso. Sumner era um sujeito teimoso – apesar de ter seu braço esquerdo amputado acima do cotovelo depois de um acidente de caça quando criança, ele resolveu se distinguir nos esportes e acabou ganhando o prêmio Cornell Faculty Tennis Club. Sua teimosia naturalmente que se estendeu à sua pesquisa, porque depois de vários colegas o terem advertido de que seria bobagem tentar isolar uma enzima, ele foi em frente e tentou isolá-la de qualquer modo – e isso levou nove anos.

Em 1926, Sumner se tornou a primeira pessoa a ter sucesso na cristalização de uma enzima, isolando a urease de feijões-de-porco. (A urease é também a enzima que permite à *Helicobacter pylori* prosperar no estômago humano, onde provoca úlceras. A enzima quebra ureia para aumentar o pH e tornar o ambiente mais confortável.) Quando ninguém acreditou na alegação de Sumner de que a urease era uma proteína, ele atribuiu a si a missão de provar que estavam todos errados, publicando dez artigos sobre o assunto – só para ter certeza de que o fato era inquestionável. Também ajudou a causa de Sumner o fato de ele ter ganhado o Prêmio Nobel de Química.

Um ajuste melhor Naquela época, o modelo "fechadura e chave" ainda era o modo preferido de se pensar a respeito da ação enzimática. Se a urease era a fechadura, então a ureia era a chave. Posteriormente, nos anos 1950, o bioquímico norte-americano Daniel Koshland revisou o modelo envelhecido de Fischer. Seu modelo de "ajuste induzido" é o que sobrevive hoje. Koshland ajustou a fechadura um tanto rígida da teoria de Fischer para acomodar o fato de que as enzimas são feitas de cadeias de proteínas, que têm uma estrutura mais flexível.

> **"Diversas pessoas me advertiram de que minha tentativa de isolar uma enzima era bobagem, mas esse aviso fez com que eu me sentisse ainda mais certo de que se a busca tivesse sucesso, valeria a pena."**
> **James Sumner**

Proteínas e enzimas podem ser afetadas por condições como temperatura – acima da temperatura corporal, a atividade das enzimas humanas rapidamente despenca – e presença de outras moléculas. Koshland percebeu que quando a molécula de um substrato encontra sua enzima muito específica, provoca uma mudança no formato da enzima que resulta num ajuste mais exato. Daí o "ajuste induzido". Isso ocorre na área do sítio ativo, a pequena porção da enzima que forma a fechadura de Fischer. Então a ureia não passa suavemente à urease. É mais como se estivesse se debatendo num saco de feijões para ficar confortável.

O ajuste induzido veio a ter uma relevância mais ampla também na compreensão das ligações e em processos de reconhecimento em biologia. É importante, por exemplo, na compreensão de como os hormônios se ligam a seus receptores e como determinados medicamentos funcionam. As drogas para HIV, como a nevirapina e a efavirenz, funcionam se ligando à enzima chamada transcriptase reversa, que o vírus usa para fazer DNA dentro de uma célula humana a fim de que possa se replicar. A droga se liga a um sítio próximo ao sítio ativo da enzima, causando uma mudança em sua estrutura e impedindo que a enzima funcione. Então, o vírus não consegue fazer novo RNA e não pode se replicar.

> **Enzimas na indústria**
>
> As enzimas são usadas em uma série de indústrias diferentes para facilitar reações. Os sabões em pó contêm enzimas que quebram as substâncias nas manchas, economizando a energia que era necessária para limpar as roupas. As indústrias de alimentos e bebidas usam enzimas para converter um tipo de açúcar em outro. O problema é que, como as enzimas são proteínas, só funcionam sob uma gama estreita de condições, de modo que temperatura, pressão e pH, por exemplo, têm de ser rigorosamente controlados.

Os dois modelos de ação enzimática são ensinados nas escolas e são um ótimo exemplo de como o pensamento científico evolui à medida que novas provas vêm à luz. A revisão de Daniel Koshland foi parcialmente baseada em evidências relacionadas à flexibilidade da estrutura proteica e em diversas anomalias em padrões, que o levaram a acreditar que alguma coisa não estava lá muito certa com a teoria prevalente. Por ter um supremo respeito por Fischer, que passou a ser conhecido como Pai da Bioquímica, Koshland sempre sustentou que ele apenas construiu sobre a obra do grande homem. De modo tocante, ele escreveu: "Diz-se que cada cientista sobe nos ombros dos gigantes que vieram antes dele. Não pode haver um lugar mais honroso para se ficar do que nos ombros de Emil Fischer".

A ideia condensada:
Catálise natural

34 Açúcares

Os açúcares são os combustíveis da natureza e, junto com as proteínas e as enzimas, algumas das biomoléculas mais importantes. Eles dão aos seus músculos a força para correr e ao seu cérebro a energia para pensar. Eles até costuram seu DNA. Mas também podem fazê-lo engordar e permitir que vírus entrem em suas células.

Se você pede uma pizza para viagem numa noite de sábado, pode decidir correr na manhã de domingo para queimar as calorias. Quando dizemos "queimar as calorias" do alimento, estamos em geral nos referindo à reação que o nosso corpo usa para quebrar o açúcar a fim de nos fornecer energia. Do mesmo modo que o carvão, o açúcar é um combustível e precisa de oxigênio para queimar eficientemente e produzir energia, dióxido de carbono e água. Enquanto temos de comer para obter nossos açúcares, as plantas fabricam os seus por meio da reação de fotossíntese (ver página 150), que é o motivo pelo qual o açúcar no nosso alimento vem de plantas.

Mas o açúcar não é apenas combustível. Cientes de que carvão, óleo e gás estão acabando, os seres humanos estão cada vez mais interessados em projetos para extrair energia de plantas numa escala maciça. A indústria dos biocombustíveis promete entregar energia renovável de açúcares e açúcares complexos, como amido e celulose, armazenados em rejeitos de culturas e plantas – embora tenham então de competir pela terra com os produtores de alimentos.

Os açúcares têm outros usos além da energia. Na ribose, eles formam uma parte integral das moléculas de DNA e RNA que transportam o código genético. Combinam-se com proteínas para formar receptores em células – por exemplo, permitindo que vírus entrem – e podem transportar mensagens entre células distantes, funcionando como hormônios. E ainda mais, um tanto surpreendentemente, as plantas usam os açúcares para dizer a hora.

Direto no "ose" O açúcar que você coloca em seu chá ou café é sacarose, a mesma forma que as plantas armazenam e que extraímos da cana-de-

linha do tempo

1747	1802	1888
O químico alemão Andreas Marggraf extrai cristais do suco de beterraba e os compara a cristais no açúcar de cana	A primeira refinaria de açúcar de beterraba começa suas operações	Emil Fischer descobre o elo entre glicose, frutose e manose

Açúcares e estereoisômeros

A imagem abaixo mostra duas versões do gliceraldeído – um açúcar simples (monossacarídeo). Do mesmo modo que a glicose, ele contém um grupo aldeído (–CHO). Todos os açúcares contêm grupos cetona ou aldeído. Em um grupo cetona, o oxigênio está ligado a um carbono que está ligado a dois outros grupos contendo carbono; em um grupo aldeído, o carbono com o oxigênio com dupla-ligação usa uma de suas outras ligações em um átomo de hidrogênio. Você pode observar que as duas estruturas são bem semelhantes, só que "L" gliceraldeído parece ter seus grupos OH e H ligados em posições contrárias em torno do "D" gliceraldeído. Não há como dar uma rotação L para torná-lo igual ao D. Isso acontece porque as duas moléculas são estereoisômeros – embora seus átomos e ligações sejam idênticos, o arranjo geral em 3-D é diferente. Um tipo especial de estereoisômero é um enanciômero, em que dois estereoisômeros são imagens especulares (ver página 74). A convenção de se desenhar estereoisômeros em 2-D foi desenvolvida por Emil Fischer em 1891, enquanto ele trabalhava com açúcares.

Fórmula de projeção de Fischer

D-gliceraldeído

L- gliceraldeído

-açúcar ou da beterraba. Mas há muitas formas químicas diferentes de açúcar. Você consegue identificar açúcares numa lista de ingredientes pelo seu sufixo delator "ose": glicose, frutose, sacarose, lactose. Quimicamente, são todos carboidratos – carbonos hidratados. Alguns têm cadeia curta; outros, formato de anel, mas muito basicamente eles todos contêm átomos de carbono com um átomo de oxigênio com dupla ligação (ver "Açúcares e estereoisômeros", acima). Emil Fischer, o químico ganhador do Prêmio Nobel que fez trabalho pioneiro sobre açúcares, foi o primeiro a entender a ligação entre glucose, frutose e manose, em 1888.

As formas menos reconhecíveis de açúcar são aquelas constituídas de longas cadeias de açúcares ligadas para formar polímeros ou polissacarídeos. Um exemplo é a maltodextrina, um polímero de glicose que vem do milho e do trigo e acrescentado a pós energéticos e géis usados por atletas. Os cientistas estão também desenvolvendo baterias biodegradáveis que usam a

1892
Fischer estabelece arranjos em 3-D de 16 açúcares hexoses

1902
Prêmio Nobel de Química concedido a Fisher pelo trabalho com açúcar e bases de DNA

2014
Químicos anunciam um dispositivo portátil para medir açúcar no sangue

> **Percepção do açúcar**
>
> Conseguir perceber níveis de açúcar no nosso sangue é importante, do ponto de vista médico, para pessoas com diabetes ou que tentam perder peso. Em 2014, químicos e tecnólogos em uma nova companhia, Glucovatio, anunciaram ter combinado suas especialidades a fim de desenvolver o primeiro sensor portátil para o açúcar do sangue, que conseguia rastrear os níveis de açúcar o dia inteiro. Em vez de espetar uma nova agulha a cada medição, os diabéticos (e fanáticos por saúde) poderiam espetar uma por semana e monitorar os níveis de glicose em seus smartphones.

maltodextrina como fonte de energia. Tal como na natureza, as baterias usam enzimas – em vez dos metais catalisadores caros usados nas baterias tradicionais – para conduzir as reações que produzem energia.

Um dia ou outro No que diz respeito aos seres humanos, talvez a forma de açúcar mais importante seja a glicose – um simples monossacarídeo que consiste de apenas um tipo de açúcar. A sacarose, em contraste, é um dissacarídeo, pois é formada por glicose e frutose ligadas por uma ligação glicosídica. O processo conduzido por enzima que usamos para extrair energia do açúcar na nossa comida é uma reação complexa, de vários passos, que supre células vivas com energia. Eis a reação:

$$C_6H_{12}O_6 + 6\,O_2 \rightarrow 6\,CO_2 + 6\,H_2O + \text{energia}$$

Glicose + oxigênio → dióxido de carbono + água

Na verdade, é um pouco mais complicado que isso, mas essa reação sumarizada pelo menos nos diz quais são os reagentes iniciais e os produtos finais. A parte do oxigênio é importante porque, sem ele, a glicose não queima tão eficientemente para ser convertida em ácido lático, a substância química produzida na fermentação do levedo e também associada à fadiga durante exercícios. Embora o corpo possa obter energia fabricando ácido lático, o retorno é muito menor.

Na ciência do esporte há muito interesse pela compreensão de como esses dois sistemas – aeróbico e anaeróbico – se sobrepõem durante, por exemplo, uma corrida de pista: corredores de 400 metros e 800 metros usam energia aeróbica produzida pela rota normal, mas como os músculos não conseguem obter oxigênio suficiente para produzir a força exigida, eles também têm de produzir energia de modo anaeróbico. A contribuição da rota aeróbica só começa a ultrapassar a da rota anaeróbica depois de 30 segundos de corrida ou mais, de modo que um corredor de elite dos 400 metros que cruza a linha de chegada em 45 segundos tem de usar principalmente ácido lático, ao passo que a energia de um corredor de 800 metros vem principalmente do sistema "normal" de processamento da glicose.

Hora do açúcar Embora o açúcar seja uma fonte importante de energia, sabemos muito bem que nossos níveis de açúcar precisam estar muito bem equilibrados. Excesso de glicose é armazenado no fígado e nos músculos como glicogênio polissacarídeo, o que é bom se você é o corredor de elite de 400 metros antes mencionado, que vai queimá-lo todo. Entretanto, se houver açúcar em demasia, o corpo irá transformá-lo em gordura e guardá-lo em células de gordura como combustível de reserva, rico em energia, caso você resolva de repente começar a treinar para uma maratona. Enquanto isso, o cérebro só funciona bem movido a glicose, o que pode ser visto como uma boa desculpa para atacar aquele bolo durante uma tarde difícil no trabalho.

Ainda imaginando como as plantas usam açúcar para dizer a hora? Bem, em 2013, pesquisadores das universidades de York e Cambridge, na Inglaterra, descobriram que as plantas usam o acúmulo de açúcar durante o dia para acertar seus relógios circadianos. Quando o Sol aparece, de manhã, elas começam a fotossíntese. O açúcar se acumula e acaba atingindo um nível limiar que indica para a planta que o crepúsculo chegou. Os pesquisadores demonstraram que impedir as plantas de fazer fotossíntese bagunçava também seus ritmos circadianos, mas dar a elas sacarose as ajudava a acertar de novo seus relógios.

> **"... açúcar, o primeiro produto organoquímico da natureza, a partir do qual todos os demais constituintes da planta e do corpo animal são restaurados."**
> **Emil Fisher**

A ideia condensada:
Aliado e inimigo

35 DNA

James Watson e Francis Crick são muitas vezes retratados como os principais protagonistas na história do DNA. Mas não devemos nos esquecer de que algumas das pesquisas iniciais sobre o conteúdo químico das células foram vitais para a nossa descoberta do material genético – e possivelmente mais interessantes.

O estômago de qualquer ser humano reviraria com a ideia de examinar os curativos encharcados de pus de outras pessoas. Mas Friedrich Miescher não era um ser humano qualquer. Ele era o tipo de pessoa suficientemente interessada no conteúdo do pus para dedicar grande parte de sua vida útil a estudá-lo. Ele era também o tipo de pessoa preparada para lavar estômago de porcos, e embarcava em excursões de pesca tarde da noite para enfiar as mãos em esperma gelado de salmão.

O objetivo de Miescher era obter as amostras mais puras possíveis de uma substância chamada nucleína. Apesar do treinamento como médico, o cientista suíço tinha entrado para o laboratório de bioquímica de Felix Hoppe-Seyler na Universidade de Tübingen, Alemanha, em 1868, e ficara fascinado com os componentes químicos das células. Essa fascinação nunca desapareceu, e embora Miescher possa não ser o mais famoso dos cientistas associados ao estudo do DNA – James Watson e Francis Crick, que propuseram sua estrutura, são muito mais conhecidos –, suas descobertas certamente foram da mais alta importância.

Pus e estômagos de porcos O supervisor de Miescher, Hoppe-Seyler, estava interessado em sangue, e é por isso que as pesquisas iniciais de Miescher focalizaram células brancas do sangue, que ele descobriu poder coletar em grandes quantidades no pus que encharcava curativos de feridas. Ele os conseguia ainda frescos, de um centro cirúrgico nas imediações. Por sorte, o algodão tinha sido inventado havia pouco e se mostrou um material excelente para absorver o pus. Nessa ocasião, Miescher não tinha ideias grandiosas a respeito de identificar o material responsável pela hereditarie-

linha do tempo

1869	1952	1953	1972
Friedrich Miescher extrai "nucleína" (DNA) de células brancas do sangue	DNA confirmado como material genético	A estrutura da dupla hélice do DNA é publicada	Paul Berg monta moléculas de DNA usando genes de diferentes organismos

dade – ele apenas esperava aprender mais a respeito das substâncias químicas presentes dentro das células.

Em algum ponto de suas pesquisas Miescher deparou com um precipitado que, embora se comportasse um pouco como uma proteína, ele não conseguia identificar como nenhuma proteína já conhecida. Parecia vir do núcleo, da massa no centro da célula. À medida que crescia seu interesse no material dentro da célula, ele tentava diversas estratégias para isolá-lo. Foi aí que entraram os estômagos de porcos. O estômago de porco é uma boa fonte de pepsina, uma enzima que digere proteína, que Miescher usava para quebrar a maior parte dos demais conteúdos das células. Para conseguir pepsina, ele enxaguava os estômagos com ácido clorídrico. Com o uso da pepsina, ele finalmente conseguiu uma amostra razoavelmente pura de uma substância cinzenta a que chamou "nucleína" – continha o que agora conhecemos como DNA.

> **"DNA e RNA já existem há muitos bilhões de anos. Durante esse tempo todo a dupla hélice estava lá, e ativa, e, no entanto, somos as primeiras criaturas na Terra a ter conhecimento de sua existência."**
> **Francis Crick**

Miescher estava bastante convencido de que essa nucleína era decisiva para a compreensão da química da vida, tanto que perseverou em suas análises elementares, reagindo-a com diferentes substâncias químicas e pesando os produtos para tentar descobrir em que ela consistia. Um elemento que parecia estar presente em quantidades incomumente altas era fósforo, e foi isso que convenceu Miescher de ter encontrado uma molécula orgânica inteiramente nova. Ele chegou a medir as quantidades de nucleína presentes em diferentes estágios da vida de uma célula e descobriu que esses níveis alcançavam o pico logo antes da divisão. Esse deveria ser um indício seguro quanto ao papel da substância na transferência de informações, e Miescher realmente considerou que a nucleína poderia estar envolvida na hereditariedade. Mas ele acabou abandonando a ideia porque não conseguia acreditar que aquela substância química sozinha podia conter todas as informações para codificar tantas formas diversas de vida – Miescher continuou até encontrar a substância no esperma do salmão que ele puxava do Reno, e mais tarde na carpa, na rã e no sêmen de galo.

1985
Reação de cadeia de polimerase (PCR), um método para fazer milhões de cópias de DNA

2001
Completado o Projeto do Genoma Humano

2010
Craig Venter cria um genoma sintético e o insere numa célula

Montagem do quebra-cabeça Um dos problemas do trabalho de Miescher com a nucleína era que ele ia de encontro às suposições de muitos cientistas de que proteína era material herdado. No começo do século XX, a atenção estava outra vez voltada para a proteína. A essa altura, os componentes da nucleína, ou DNA, já tinham sido descobertos: ácido fosfórico (formando a "espinha dorsal" do DNA e dando conta do fósforo de Miescher), açúcar e as cinco bases que agora sabemos constituir o código genético. Mas as teorias das proteínas simplesmente pareciam ser mais convincentes. Os 20 aminoácidos nas proteínas ofereciam maior diversidade química e podiam, portanto, responder pela grande diversidade da vida.

O código genético

O ácido desoxirribonucleico (DNA) é formado por duas cadeias de ácidos nucleicos enroladas como fibras numa corda. As cadeias de ácidos nucleicos são unidades repetidas em que cada unidade é formada a partir da combinação de uma base, um açúcar e um grupo fosfato. As duas cadeias são unidas por ligações de hidrogênio (ver página 22) entre as bases, cuja sequência forma o código genético. Entretanto, a base adenina em geral só se liga com a timina (A-T), enquanto a base citosina em geral só se liga à guanina (C-G). O código é copiado quando, na divisão celular, as ligações de hidrogênio se rompem e os dois filamentos se separam para formar moldes para a criação de novos filamentos, feitos por enzimas dentro da célula. Para fazer proteínas, o mecanismo da célula lê a sequência de bases, traduzindo trios de bases (códons) em aminoácidos unitários que são acrescentados a fios crescentes de proteína (ver página 130). Há diversas sequências diferentes de três bases que codificam para cada aminoácido. Então, a serina, por exemplo, pode ser acrescentada como o resultado do mecanismo de tradução que lê um códon TCT, TCC, TCA ou TCG.

Pares de bases originais

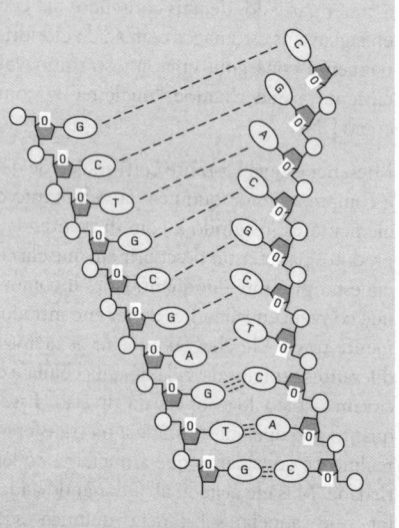

Os segredos do DNA começaram a ser revelados nos anos 1950, quando – tudo no espaço de uns dois anos – estudos confirmaram que esse era o material genético transferido quando um vírus infectava uma bactéria, e quando a estrutura da dupla hélice foi proposta por James Watson e Francis Crick. A contribuição de Rosalind Franklin, uma química jovem e brilhante, cristalógrafa de raios-X (ver página 90), à estrutura do DNA, publicada na *Nature*, tem sido frequentemente negligenciada. Foi Franklin, trabalhando no King's College, em Londres, quem fez as fotografias do DNA que inspiraram a estrutura. O colega dela, Maurice Wilkins, mostrou as imagens a Watson sem lhe pedir licença. Franklin, enquanto isso, não tinha sequer permissão para almoçar na mesma sala que os cientistas homens em seu laboratório, e se não fosse o apoio da mãe e da tia, seu pai teria se recusado a pagar sua graduação, porque ele não acreditava que mulheres devessem ter formação universitária.

> **Nucleotídeos**
>
> A combinação de cada base de DNA com seu açúcar e um grupo fosfato é chamada nucleotídeo. Tecnicamente, no DNA, os nucleotídeos são desoxirribonucleotídeos, porque o açúcar que eles contêm é o desoxirribose. No RNA – a versão com um único filamento que as células usam para traduzir o código do DNA em proteínas – o açúcar é a ribose, então o nucleotídeo é chamado ribonucleotídeo. Oligonucleotídeos são cadeias curtas de nucleotídeos unidas.

O dicionário do DNA A descoberta da estrutura do DNA, no entanto, não solucionou inteiramente o mistério. Mais de meio século após a morte de Miescher por tuberculose, aos 51 anos de idade, ainda não estava claro como a diversidade da vida poderia emergir de ácidos nucleicos. Mas depois de Watson, Crick e Wilkins receberem seu Prêmio Nobel em 1962; outro foi concedido, em 1968, a Robert Holley, Har Gobind Khorana e Marshall Nirenberg por decifrarem o código genético – eles mostraram como a estrutura química do DNA se traduz na estrutura química e na complexidade das proteínas. Mesmo agora, apesar do sequenciamento do genoma humano inteiro, ainda estamos tentando descobrir o que grande parte dele significa.

A ideia condensada: Cópias químicas do código da vida

36 Biossíntese

Muitas das substâncias químicas que usamos hoje, inclusive antibióticos que salvam vidas e pigmentos utilizados para colorir nossas roupas, são emprestadas de outras espécies. Essas substâncias químicas podem ser extraídas diretamente, mas se as rotas biossintéticas forem traçadas, elas também poderão ser feitas em laboratório – por meio da química ou com a ajuda de organismos substitutos, como levedo.

Em janeiro de 2002, uma equipe de cientistas sul-coreanos se dirigiu para a floresta Yuseong, em Dajeon, Coreia do Sul, para coletar amostras de solo da floresta. Trabalhando entre os pinheiros, eles pegaram amostras da camada superior do solo e da terra solta ao redor das raízes das plantas. Não estavam grandemente interessados no solo propriamente dito, mas nos milhões de insetos que viviam nele. Procuravam bactérias que produzissem compostos interessantes e que fossem novos para a ciência.

De volta ao laboratório, extraíram o DNA desses micróbios, junto com outros insetos da floresta do Vale Jindong, e acabaram inserindo fragmentos aleatórios do DNA deles em uma bactéria *Escherichia coli*. Ao estimularem esses clones bacterianos a crescer, os cientistas notaram algo estranho: alguns deles eram roxos. Não era isso o que eles estavam procurando. Esperavam encontrar insetos que produzissem compostos antibacterianos que tivessem potencial como drogas, um tanto como fez Alexander Fleming ao descobrir a penicilina – o primeiro antibiótico – em mofo *Penicillium*.

Depois de purificar os pigmentos roxos e submetê-los a diversas análises espectrais – inclusive espectrometria de massa e NMR (ver página 86) –, os pesquisadores perceberam que nem ao menos eram pigmentos novos. Estranhamente, eles eram o azul do índigo e a tonalidade vermelha da indirrubina, dois componentes que na maior parte das vezes são produzidos por plantas e que aparentemente estavam sendo feitos por bactérias.

linha do tempo

1897	1909	1928
Ernest Duchesne descobre que o mofo *Penicillium* mata bactérias	Análise química do pigmento corante púrpura tíria	A penicilina é descoberta (ou redescoberta) por Alexander Fleming

Produtos naturais Esse é um exemplo interessante de biossíntese – a síntese de produtos naturais – porque mostra como espécies de ramos completamente diferentes da árvore evolutiva podem terminar fabricando exatamente os mesmos compostos. O búzio *lapillus* e muitos outros moluscos marinhos também fabricam um composto relacionado ao azul índigo conhecido como púrpura tíria, que, como o índigo, tem sido usado desde tempos antigos para tingir roupas.

> **"A natureza, sendo um químico combinatório sofisticado, versátil e vigoroso... produz, por infinitos meios diferentes e imprevisíveis, uma série de estruturas exóticas e eficazes."**
>
> János Bérdy,
> Instituto IVAX Drug Research, Budapeste, Hungria

Biossíntese se refere a qualquer rota bioquímica – provavelmente envolvendo um sem-número de reações e enzimas diferentes – que uma coisa viva usa para fabricar uma substância química. Os químicos, porém, em geral se referem a rotas biossintéticas – que resultam em produtos naturais úteis ou passíveis de serem explorados comercialmente – quando falam de biossíntese. Foi esse o caso da penicilina de Fleming, é evidente, assim como o do azul índigo e da púrpura tíria. Embora haja índigos e púrpuras sintéticos hoje em dia, a púrpura tíria ainda é extraída de búzios a um custo enorme. São necessários 10 mil búzios *Purpura lapillus* para produzir um grama de púrpura tíria, que em 2013 custava estonteantes 2.440 euros. Há muitos outros exemplos, também. Os fabricantes de queijos têm se baseado em produtos naturais do *Penicillium roqueforti* – um parente do mofo que produz a penicilina – há séculos, na fabricação dos queijos azuis como o Roquefort e o Stilton.

A maior parte dos produtos naturais, de antibióticos a corantes, são substâncias químicas chamadas metabólitos secundários. Enquanto metabólitos primários são os tipos de substâncias químicas que os organismos precisam para sustentar a vida – como proteínas e ácidos nucleicos –, os metabólitos secundários são os que parecem não ter utilidade óbvia para o organismo (é claro que, em muitos casos, simplesmente ainda não descobrimos o uso que eles possam ter). Muitos metabólitos secundários são moléculas pequenas e específicas a um organismo em particular, e por isso é interessante descobrir que pigmentos de cores quimicamente semelhantes são produzidos por

---

1942
Primeiro paciente tratado com penicilina – Anne Miller, tratada de septicemia

2005
O número de produtos naturais conhecidos alcança aproximadamente um milhão

2013
A Sanofi começa a produção da droga antimalária artemisina

plantas, moluscos e bactérias. Ninguém sabe por que as bactérias residentes na floresta da Coreia produzem pigmentos azuis e vermelhos, do mesmo modo que ninguém sabe exatamente por que búzios marinhos na Austrália também os produzem.

> ### Como chegamos do mofo do pão à penicilina?
>
> A espécie de mofo da qual Alexander Fleming extraiu originalmente a penicilina era chamada *Penicillium notatum*. É um tipo de bolor que cresce numa boa no pão em sua cozinha. Fleming e seus colegas tentaram durante anos fazer com que esse mofo produzisse antibiótico em quantidade suficiente para torná-lo útil para tratar pacientes. Era, em parte, um problema de purificação, mas eles acabaram percebendo que essa espécie em particular simplesmente não produzia o bastante. Começaram a procurar outras cepas semelhantes que dessem um rendimento melhor e por fim encontraram uma, crescendo num melão cantaloupe: *Penicillium chrysogenum*. Depois de submetê-la a diversos tratamentos que induziam mutações, como raios-X, eles obtiveram uma espécie que conseguia aumentar a produção num fator de mil, e que é usada ainda hoje.
>
> Estrutura da penicilina (R é variável)

Insetos para combater insetos Estimativas aproximadas sugerem que desde a descoberta da penicilina por Fleming, em 1928, bem mais de um milhão de produtos naturais distintos foram isolados de uma ampla gama de espécies diferentes. A maior parte desses produtos têm apresentado atividades antimicrobianas. Bactérias do solo, como aquelas do estudo coreano, são uma fonte rica de antibióticos. Acredita-se que elas podem produzi-los como armas químicas para combater outras bactérias, permitindo que os antibióticos compitam com outros microrganismos por espaço e nutrientes e talvez até se comuniquem entre si. A pesquisa em busca de novos antibióticos se tornou cada vez mais desesperada com o aparecimento de novas cepas de micróbios resistentes a doenças, como a *Mycrobacterium tuberculosis* resistente a inúmeras drogas. Os próprios microrganismos, portanto, podem ainda ser algumas das melhores fontes de drogas antimicrobianas.

Os químicos trabalham com o princípio de que se conseguirem descobrir como uma molécula é produzida na natureza, poderão copiar a rota, ou até melhorá-la, para fazer sua própria versão. Grande parte do tempo de laboratório é, portanto, dedicada ao mapeamento das rotas biossintéticas que plantas, bactérias e outros organismos usam para fabricar suas substâncias químicas. Foi isso o que aconteceu no desenvolvimento da artemisina, uma droga sintética contra a malária. A fonte natural é uma losna doce, mas a planta não consegue produzir a droga nas quantidades necessárias para tratar milhões de pessoas afetadas pela malária todos os anos. Então os químicos partiram para a caracterização de todo o trajeto biossintético, e de genes e enzimas envolvidos. Agora, eles fizeram uma reengenharia no levedo para que este pudesse produzir a droga. A companhia farmacêutica Sanofi anunciou que tem a intenção de distribuir a artemisina "semissintética" como um empreendimento sem fins lucrativos.

Surpreendentemente, as rotas biossintéticas que levaram à produção dos corantes púrpura e azul na natureza ainda não são de todo conhecidas, apesar de os produtos propriamente ditos serem explorados há milhares de anos. Isso levou alguns pesquisadores a sugerir que a coincidência evolutiva que resultou em organismos diferentes produzindo compostos muito semelhantes não é, de fato, uma coincidência. Acontece que, dentro da glândula do búzio de onde os produtores do corante extraem púrpura tíria, há outra glândula repleta de bactérias. Ainda é só uma teoria, mas talvez insetos púrpura, um tanto como aqueles encontrados nas florestas coreanas, tenham fixado residência nas glândulas dos búzios marinhos.

> **Púrpura tíria**
>
> O corante púrpura tíria foi usado durante séculos para colorir os mantos da realeza – e de outros que pudessem pagar por ele – até sua identidade química ser finalmente revelada. Em 1909, o químico alemão Paul Friedländer coletou 12 mil búzios espinhentos (*Bolinus brandaris*) e conseguiu extrair 14 gramas do pigmento púrpura de suas glândulas hipobranquiais. Ele filtrou, purificou e cristalizou o pigmento e depois efetuou análises elementares, adivinhando sua fórmula química: $C_{16}H_8Br_2N_2O_2$.

A ideia condensada:
A linha de produção
da natureza

37 Fotossíntese

As plantas surgiram com um truque genial quando descobriram como extrair energia da luz. A fotossíntese não é apenas a fonte de toda a energia que consumimos em nossos alimentos, é também a fonte da molécula vivificadora presente no ar que respiramos: o oxigênio.

Há bilhões de anos, a atmosfera do nosso planeta era uma mistura sufocante de gases que, se estivéssemos presentes na época, não poderíamos respirar. Havia muito mais dióxido de carbono do que hoje, mas nem tanto oxigênio. Então, como é que essa situação se inverteu?

A resposta é plantas e bactérias. De fato, pensa-se que os primeiros organismos a agregar oxigênio à atmosfera podem ter sido ancestrais das cianobactérias, plânctons que flutuam livres e que são muitas vezes chamados de algas azul-verdes. Como dita a teoria, esses plânctons, que produziam oxigênio por fotossíntese, foram escravizados pelas plantas durante a evolução. As cianobactérias acabaram por se transformar nas subunidades cloroplastos dentro das células das plantas, onde ocorrem as reações de fotossíntese. À medida que as plantas tomaram conta do planeta, com a ajuda de seus escravos cianobacterianos, elas bombearam vastas quantidades de oxigênio na atmosfera, que se tornou rapidamente aquela que nossos ancestrais evoluiriam para respirar. As plantas criaram um ambiente no qual seres humanos poderiam viver.

Energia química As plantas não escravizaram as cianobactérias por sua capacidade de produzir oxigênio, no entanto. O produto importante na fotossíntese, do ponto de vista das plantas, era o açúcar – uma molécula que elas podiam usar como combustível, uma maneira de armazenar energia sob forma química. Para cada seis moléculas de oxigênio feitas no cloroplasto, é produzida uma molécula de glicose.

$$6\,CO_2 + 6\,H_2O \rightarrow C_6H_{12}O_6 + O_2$$

Dióxido de carbono + água (+luz) → glicose + oxigênio

linha do tempo

1754	1845	1898
Charles Bonnet nota que as folhas produzem bolhas quando submergidas em água	Julius Robert Mayer alega que "plantas convertem energia da luz em energia química"	"Fotossíntese" passa a ser um termo aceito

Fotossíntese | 151

Essa equação é, na verdade, apenas um resumo da fotossíntese – uma reação "rede" –, mas o que está realmente acontecendo com os cloroplastos é muito mais sofisticado. O pigmento verde, clorofila, que dá a cor às folhas das plantas e às cianobactérias, é essencial ao processo. Ela absorve a luz que inicia a transferência de energia de uma molécula para oura. O motivo pelo qual as plantas são verdes é a clorofila só absorver luz em outras partes do espectro visível – a luz verde é refletida, de modo que é a cor que vemos.

> **À natureza se atribuiu o problema de como apanhar a luz fluindo para a Terra e armazenar o mais fugidio de todos os poderes sob forma rígida.**
>
> **Julius Robert Mayer**

Reação em cadeia A luz confere energia aos pigmentos da clorofila quando os atinge. Essa energia da luz é transferida de muitas moléculas de clorofila, chamadas "antenas", a clorofilas mais especializadas no núcleo das reações fotossintéticas nos cloroplastos. Elétrons impelidos dessas clorofilas especializadas estabelecem uma cascata de transferência de elétrons, com elétrons quicando de uma molécula para outra como num jogo de "batata quente". Essa cadeia de reação de oxirredução (ver página 54) acaba levando à produção de energia química sob a forma de moléculas conhecidas como NADPH e ATP, que conduzem as reações que produzem açúcar. No processo, a água é "dividida" para liberar o oxigênio que respiramos.

Não é fácil – ou especialmente útil – lembrar cada molécula isolada envolvida na passagem dos elétrons, mas a posição é crucial. As reações ocorrem em ajuntamentos de moléculas chamados fotossistemas (ver "Fotossistemas", na página 152), localizados em membranas dentro dos cloroplastos, os antigos escravos cianobacterianos. Durante o processo, são gerados íons de hidrogênio (prótons) que se juntam em um lado da membrana. Eles são então bombeados através da membrana por uma proteína – proteína essa que, convenientemente, usa bombeamento de prótons para energizar a produção de ATP.

Fixadores de carbono A energia química (ATP e NADPH) criada nos cloroplastos conduz um ciclo de reações que incorpora dióxido de carbono do ar nos açúcares, que usam o carbono no dióxido de carbono para formar os esqueletos das moléculas de açúcar. Esse processo de "fixação de carbono" é o que evita que nossa atmosfera fique completamente entupida

1955	1971	2000
Melvin Calvin e colegas mapeiam a rota seguida pelo carbono durante a fotossíntese	Primeiras dissecações de fotossínteses – os complexos de proteínas envolvidos na fotossíntese	Publicado o primeiro genoma de planta

Fotossistemas I e II

Há dois tipos de complexos de proteínas envolvidos na fotossíntese nas plantas: um onde o oxigênio é produzido; outro onde as moléculas transportadoras de energia, NADPH e ATP, são produzidas. Esses complexos, efetivamente enzimas grandes, são chamados fotossistemas I e II. Embora pareça ilógico, é mais fácil começar explicando o fotossistema II. Nesse fotossistema, um par especializado de pigmentos de clorofila conhecido como P680 fica excitado e chuta um elétron a fim de ficar carregado positivamente. Quando o P860 fica excitado assim, ele é capaz de aceitar elétrons de alguma outra parte, o que ele faz extraindo-os da água para liberar oxigênio. Enquanto isso, o fotossistema I aceita elétrons passados ao longo da cadeia, vindos do fotossistema II, bem como os provenientes de suas próprias moléculas de clorofila, coletoras de luz. O par especializado de pigmentos de clorofila nesse fotossistema é chamado P700, que também chuta elétrons para começar outra cadeia de transferência de elétrons. Finalmente, esses elétrons fluem para uma proteína chamada ferredoxina, que reduz $NADP^+$ para formar a unidade de energia química, NADPH.

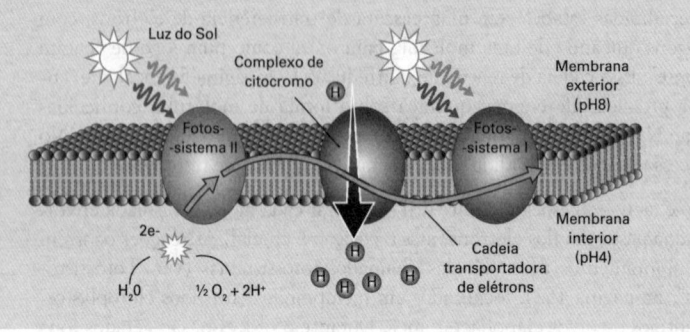

com dióxido de carbono; além disso, dá à planta um combustível açucarado que elas podem usar como energia nas células, ou que pode ser convertido em amido para armazenamento.

É razoável pensar que as plantas ficariam bastante satisfeitas com qualquer dióxido de carbono extra na atmosfera, e esse poderia muito bem ser o caso se a única coisa a ser mudada fossem os níveis de dióxido de carbono, mas o problema em geral é que outras coisas também estão mudando, como a temperatura global. Considerando-se tudo, os cientistas acham que o crescimento das plantas mais provavelmente vai diminuir, em vez de acelerar.

Melhor que evolução As plantas são muito boas em extrair a energia da luz, produzindo glicose numa velocidade de milhões de moléculas por segundo. Mas, considerando que tiveram milhões de anos de evolução para aprimorar o processo, as plantas não são assim tão eficientes. Se você comparar a quantidade total de energia transportada pelos fótons de luz que conduzem a fotossíntese com a quantidade que realmente emerge em glicose, há uma enorme discrepância. Quando toda a energia perdida no caminho, ou usada para conduzir as reações, é computada, a eficiência fica abaixo de 5%. Além disso, esse é apenas um máximo – a maior parte do tempo a eficiência do processo é menor do que isso.

Então os seres humanos, com menos de um milhão de anos no planeta, podem fazer melhor? Será que conseguimos extrair energia da luz solar e transformá-la em combustível com mais eficiência do que as plantas? É exatamente isso que os cientistas estão tentando fazer para solucionar nossos problemas de energia. Além das células solares (ver página 174), uma ideia é a "fotossíntese artificial" (ver página 203) – um método de separar a água, como fazem as plantas, mas para produzir hidrogênio como combustível, ou para usá-lo em reações que fabricam outros combustíveis.

> **Energia sem luz do Sol**
>
> Em geral, toda a energia no planeta Terra vem do Sol e é aproveitada pelas plantas, que formam a base das cadeias alimentares. Plantas e bactérias são autótrofas, significando que elas produzem seu próprio alimento (açúcar) e o usam como suprimento de energia. No fundo dos oceanos, no entanto, onde não há luz para a fotossíntese, outros tipos de autótrofos – bactérias quimiossintéticas – extraem sua energia de substâncias químicas como sulfeto de hidrogênio.

A ideia condensada: Plantas criam energia química usando luz

38 Mensageiros químicos

Nós, seres humanos, desenvolvemos a linguagem como um meio de comunicação, mas desde antes de sabermos falar, nossas próprias células já se comunicavam. Elas enviam mensagens de uma parte do corpo para outra e transmitem os impulsos nervosos que tornam possíveis nossos movimentos e pensamentos. Como fazem isso?

As células no seu corpo não trabalham isoladas. Elas se comunicam constantemente, cooperando e coordenando suas ações para ajudá-lo a fazer tudo o que você normalmente faz. Elas fazem isso com substâncias químicas.

Hormônios controlam o modo como seu corpo se desenvolve, seu apetite, seu humor e sua reação ao perigo – eles podem ser hormônios esteroides (ver "Hormônios sexuais", na página seguinte), como a testosterona ou o estrogênio, ou podem ser hormônios proteicos, como a insulina. Moléculas sinalizadoras que fazem parte do seu sistema imunológico recrutam células que podem também ajudar a combater um surto de resfriado ou gripe, mas talvez o exemplo mais impressionante de como o corpo humano usa mensageiros químicos seja todos os seus movimentos e pensamentos, do menor tremular de suas pálpebras ao triunfo físico de correr uma maratona. É tudo resultado das mensagens químicas que são conhecidas como impulsos nervosos.

Inícios nervosos Não faz tanto tempo que os cientistas ainda discutiam sobre a natureza dos impulsos nervosos. Já nos anos 1920, a teoria mais popular dizia que esses impulsos eram elétricos, não químicos. Os nervos dos animais comuns de laboratório são difíceis de se estudar porque são muito delicados, de modo que dois cientistas britânicos, Alan Hodgkin e Andrew Huxley, resolveram voltar sua atenção para algo maior – nervos de lulas. Apesar de medirem apenas um milímetro de diâmetro, os nervos nos músculos natatórios das lulas ainda eram cerca de

linha do tempo

1877	1913	1934	1951
Emil du Bois-Reymond pondera se os impulsos nervosos são elétricos ou químicos	Henry Dale descobre a acetilcolina, o primeiro neurotransmissor	O eteno é ligado ao amadurecimento de maçãs e peras, pavimentando o caminho para a pesquisa de hormônios vegetais	John Eccles prova que a transmissão de impulsos no sistema nervoso central é química

cem vezes mais espessos do que os das rãs com que eles estavam trabalhando. Em 1939, Hodgkin e Huxley começaram sua pesquisa sobre "potenciais de ação" – diferenças de cargas entre o interior e o exterior das células nervosas – inserindo cuidadosamente um eletrodo na fibra nervosa de uma lula. Descobriram que quando o nervo disparava seu potencial era muito mais alto do que quando estava em repouso.

Foi só depois da Segunda Guerra Mundial, que tinha atrapalhado sua pesquisa por vários anos, que Hodgkin e Huxley conseguiram finalmente continuar seu trabalho com potenciais de ação. Suas ideias nos ajudaram a compreender que os "impulsos elétricos" que trafegam ao longo de um nervo resultam de íons carregados que se movimentam de dentro para fora da célula. Os canais iônicos (ver "Canais iônicos", página 157) na membrana da célula nervosa permitem que os íons de sódio corram para dentro quando chega um impulso, ao passo que os íons de potássio saem quando o impulso vai embora.

Como esses impulsos passam de uma célula nervosa para a próxima, formando uma cadeia de transmissão que consegue propagar "mensagens" adiante? A "mensagem", nesse caso, é uma cadeia de eventos químicos, cada qual dando partida ao próximo evento, como um jogo de telefone sem fio joga-

Hormônios sexuais

Testosterona e estrogênio são hormônios esteroides, moléculas que têm uma ampla gama de efeitos sobre o corpo, de metabólicos a efeitos no desenvolvimento sexual. Considerando que a testosterona e o estrogênio são bem conhecidos por desempenharem um papel de diferenciação na aparência e fisiologia entre homens e mulheres, a estrutura das duas moléculas é surpreendentemente semelhante. Ambas têm uma estrutura de quatro anéis com ligeiras diferenças nos grupos ligados a um anel. Embora a testosterona seja considerada o "hormônio masculino", os homens simplesmente a fabricam em maior quantidade, e as mulheres, na realidade, necessitam de testosterona para fabricar estrogênio – o que explica por que as estruturas são tão semelhantes. É interessante notar que os níveis de testosterona nas mulheres são mais altos pela manhã e variam ao longo do dia, bem como ao longo do mês, exatamente como os tradicionais hormônios "femininos".

Testosterona

Estrogênio

1963
John Eccles, Alan Hodgkin e Andrew Huxley ganham o Prêmio Nobel por trabalho sobre a natureza iônica dos impulsos nervosos

1981
A primeira molécula *quorum-sensing* é isolada de uma bactéria marinha

1998
Roderick MacKinnon produz estrutura em 3-D de canais de íons em nervos

do a uma velocidade relâmpago. A transmissão do impulso nervoso para a célula seguinte exige uma molécula chamada neurotransmissora para atravessar o intervalo e ligar-se à membrana da célula receptora, onde faz disparar outro impulso. Essas transmissões químicas levam sinais desde o nosso cérebro até a ponta dos nossos pés, e a tudo que há no meio.

> **"Hitler marchou sobre a Polônia, a guerra foi declarada e eu tive de largar a técnica durante oito anos, até ser possível voltar para Plymouth em 1947."**
>
> Alan Hodgkin, sobre o estudo dos impulsos nos nervos das lulas

Desde a descoberta dos neurotransmissores, começando com a acetilcolina em 1913, tornamo-nos conscientes do papel fundamental que essas moléculas mensageiras desempenham no cérebro, onde estão envolvidas no disparo 100 bilhões de células nervosas. Tratamentos para problemas de saúde mental são baseados na suposição de que tais distúrbios têm uma base química. No caso da depressão, essa suposição está relacionada ao neurotransmissor serotonina – o medicamento antidepressivo Prozac, lançado em 1987, foi considerado eficaz por aumentar os níveis de serotonina embora a ideia permaneça em discussão até hoje.

Conversa entre si Não são apenas os seres humanos e outros animais que usam mensageiros químicos, no entanto. Em qualquer organismo multicelular, as células precisam de meios para "conversar" umas com as outras. As plantas, por exemplo, podem não ter nervos, mas produzem hormônios. Mais ou menos na mesma época em que os fisiologistas estavam fazendo seu trabalho pioneiro sobre impulsos nervosos, botânicos estavam descobrindo que o eteno é essencial ao processo de maturação das frutas. Verificou-se que o eteno – a mesma molécula que usamos para fabricar polietileno (ver página 162) – não apenas amadurece as frutas, mas está também profundamente envolvido no crescimento das plantas. O hormônio é fabricado pela maioria das células vegetais e, assim como muitos hormônios animais, transmite seu sinal ativando moléculas receptoras em membranas celulares. Os cientistas ainda estão desvendando a complexidade da influência dele no desenvolvimento das plantas, e descobriram que esse único hormônio pode ligar milhares de genes diferentes.

Até mesmo em organismos como as bactérias, que durante muito tempo foram consideradas solitárias, as células precisam trabalhar juntas, e como os micróbios não podem se fiar na linguagem ou no comportamento para se comunicar, eles conversam usando substâncias químicas. Foi só na década passada que cientistas descobriram que isso parece ser uma capacidade universal entre as bactérias. Considere, por exemplo, o que acontece quando você fica doente. Uma bactéria minúscula pode não ser capaz de fazer grande coisa. Mas milhares de milhões de bactérias, todas lançando um ataque coordenado, é uma perspectiva muito diferente. Como elas traçam seu plano de batalha e reúnem suas forças? Usando substâncias químicas – especificamente, substâncias químicas chamadas moléculas *quorum-sensing*. Essas moléculas e seus receptores permitem que bactérias da mesma espécie se comuniquem. Moléculas que se identificam de modo generalizado agem como um tipo de "esperanto químico" (uma linguagem universal), permitindo que micróbios conversem através das barreiras de espécies.

> **Canais iônicos**
>
> O químico Roderick MacKinnon ganhou o Prêmio Nobel em 2003 pelo uso da cristalografia de raios-X (ver página 90) para produzir estruturas em 3-D de canais de potássio. Essas estruturas ajudaram os cientistas a compreender a seletividade dos canais iônicos – por que um tipo de canal permite que apenas um tipo de íon (potássio) entre ao mesmo tempo que exclui outro (sódio).

A imensa quantidade de modos pelos quais as células se comunicam usando substâncias químicas é fundamental à vida. Sem essas moléculas sinalizadoras, organismos multicelulares e unicelulares não teriam meios de funcionar como unidades coerentes. Toda célula seria uma ilha, condenada a viver e a morrer sozinha.

A ideia condensada: Células se comunicam com substâncias químicas

39 Gasolina

Dirigir carros nos deu a liberdade de viver e trabalhar como quisermos. Sem o óleo e os progressos químicos no refino do petróleo, que nos deu a gasolina, onde estaríamos? Mas a gasolina é também o combustível que mais contribuiu para as mudanças climáticas e a poluição da nossa atmosfera.

Em um dia normal em 2013, as pessoas nos Estados Unidos consumiram 9 milhões de barris de gasolina. Digamos que esse dia tenha sido 1º de janeiro. Então, o dia seguinte, 2 de janeiro, os Estados Unidos consumiram outros 9 milhões de barris e o mesmo no dia 3 de janeiro. Isso continuou todos os dias durante 365 dias, até que, no decurso de um ano, mais de 3 bilhões de barris foram consumidos, só nos Estados Unidos.

A maior parte desse volume de gasolina espantoso foi queimada em motores de combustão interna em veículos que, no total, viajaram perto de 4,8 trilhões de quilômetros. Agora pense que há apenas 150 anos não havia carros (fora os a vapor), motores de combustão interna movidos a gasolina ainda não tinham sido inventados e o primeiro poço de petróleo mal estava produzindo havia cinco anos. A ascensão do automóvel, abastecido com gasolina, tem sido verdadeiramente meteórica.

Uma sede de combustível Mesmo no início do século XX, só havia 8 mil automóveis registrados nos Estados Unidos, e eles todos circulavam a menos de 23 quilômetros por hora. Mas, nessa época, a corrida do óleo tinha começado e os magnatas do petróleo, como Edward Doheny – que dizem ter inspirado o personagem de Daniel Day Lewis no filme *Sangue negro* –, estavam ganhando milhões. A Pan American Petroleum & Transport Company, de Doheny, furou o primeiro poço de petróleo de fluxo livre em 1892, em Los Angeles. Em 1897 já havia mais 500 poços.

A demanda por gasolina estava crescendo mais rápido do que o conhecimento dos químicos sobre o petróleo. Em 1923, ao escrever na *Industrial and*

linha do tempo

1854	1859	1880	1900
Criada a Pennsylvania Rock Oil Company, que produz óleo por perfuração e escavação	Perfuração do primeiro poço de petróleo	Primeiro motor de combustão interna movido a gasolina	O número de carros registrados nos Estado Unidos ultrapassa 8 mi

Engineerin Chemistry, Carl Johns, da Standard Oil Company de New Jersey, lamentou a falta de pesquisa química na região. Enquanto isso, celebridades de Hollywood e milionários do petróleo, inclusive os Doheny, dirigiam carros caros. O filho de Edward, Ned, tinha comprado para a esposa um carro com design da Earl Automobile Works. Era um encouraçado terrestre cinzento com forração de couro vermelho e lanternas Tiffany. O principal projetista da Earl Automobiles acabou se mudando para a General Motors, onde se encarregou do departamento Art & Colour e passou a desenhar Cadillacs, Buicks, Pontiacs e Chevrolets.

Ambição abrasadora Graças à crescente demanda por carros e à resolução de Henry Ford de supri-la com seu esquema de linha de montagem para produção em massa, começaram a pipocar postos de gasolina por toda a rede de estradas. Avanços nos processos de refino do petróleo, inclusive o craqueamento (ver página 62), logo significaram que os produtores de gasolina eram capazes de obter misturas de alta qualidade que queimavam mais suavemente.

> **Já encontrei ouro e já encontrei prata... mas senti que essa substância de aparência feia era a chave para algo de valor maior do que... aqueles metais.**
> Edward Doheny

A atual mistura que enche o tanque de combustível do seu carro contém centenas de substâncias químicas diferentes, inclusive uma mistura de hidrocarbonetos, além de aditivos como agentes antidetonantes, antiferrugem e anticongelantes. "Hidrocarbonetos" cobrem uma enorme gama de compostos de cadeia reta, ramificada, cíclica (estrutura de anel) e aromática (ver "Benzeno", na página 160). A identidade química dos componentes depende em parte de onde o petróleo veio originalmente. Óleos crus de diferentes regiões do mundo, com propriedades distintas, são frequentemente misturados.

No motor de combustão de um carro, a gasolina queima no ar; o ar fornece o oxigênio necessário para a combustão, a fim de que sejam produzidos dióxido de carbono e água. Por exemplo:

$$C_7H_{12} + 11\, O_2 \rightarrow 7\, CO_2 + 8\, H_2O$$

Heptano + oxigênio → dióxido de carbono + água

1913 A Ford Motor Company começa a primeira linha de montagem de automóveis em movimento

1993 Os primeiros padrões de emissão Euro 1 aplicados a carros de passeio entram em vigor

2000 O número de veículos motorizados registrados nos Estados Unidos alcança 226 milhões

2014 Os padrões de emissão Euro 6 entram em vigor

Benzeno

O benzeno é um hidrocarboneto com estrutura em anel produzido durante o processo de refino do petróleo, e está naturalmente presente no óleo cru. É uma substância química importante, do ponto de vista industrial, na produção de plásticos e drogas. O anel do benzeno, com seis átomos de carbono, é estável, além de ser encontrado numa variedade de compostos naturais e sintéticos chamados hidrocarbonetos aromáticos. O paracetamol e a aspirina são exemplos de derivados do benzeno aromático, do mesmo modo que os compostos de odor doce da casca de canela e da baunilha. O benzeno propriamente dito é carcinogênico, e seus níveis na gasolina são rigidamente controlados para se evitar emissões atmosféricas perigosas. A melhora dos conversores catalíticos desempenhou um papel importante na redução das emissões do benzeno.

Benzeno
(estrutura de Kekulé)

Anel benzênico
(versão simplificada)

Esse é um exemplo de uma reação de oxirredução (ver página 54), porque os átomos de carbono no heptano são oxidados, enquanto o oxigênio é reduzido.

Problemas de poluição Há poucas décadas, os efeitos antidetonantes do chumbo tetraetila na gasolina com chumbo evitavam que o combustível explodisse antes de alcançar a parte do funcionamento do motor, permitindo uma combustão mais eficiente. Mas a adição de chumbo tetraetila também significava que o escapamento do carro bombeava brometo de chumbo tóxico na atmosfera – um resultado da reação do chumbo tetraetila com outro aditivo, o 1,2-dibromoetano, destinado a impedir que o chumbo entupisse o motor. A gasolina com chumbo foi sendo gradualmente abandonada a partir dos anos 1970, enquanto os produtores de gasolina procuravam novos meios de fabricar combustíveis de suave dissipação e alta octanagem (ver "Número de octanos", na página seguinte) que queimassem por mais quilômetros por galão.

Então, esse era um problema a ser tratado, mas à medida que a indústria automobilística se expandia durante o século XX, os níveis de dióxido de carbono na atmosfera disparavam. Os níveis de outros poluentes também aumentaram, porque a energia fornecida pelo motor do carro faz que outros componentes no ar reajam. O nitrogênio reage com o oxigênio, produzindo óxidos de nitrogênio (NO_x) que formam o *smog* e provocam doenças pulmonares. Calcula-se que cerca de metade de todas as emissões de NO_x sejam devidas aos transportes rodoviários.

Soluções químicas O corte nas emissões dos veículos se tornou uma prioridade para os fabricantes de automóveis, já que estavam sendo impostos limites cada vez mais rigorosos. Embora os fabricantes de carros aventem a possibilidade de veículos elétricos e híbridos, ainda há necessidade de soluções para os carros movidos a gasolina (e diesel) comuns. Os 3 bilhões de barris de gasolina que têm sido queimados todos os anos, só nos

Estados Unidos, são suficientes para encher mais de 200 mil piscinas olímpicas. Toda essa gasolina significa mais de um galão por dia (3,8 litros/dia) para cada cidadão norte-americano. Catalisadores para conversores catalíticos, armadilhas de NO_x e outras tecnologias para a redução de emissão de veículos são agora campos ativos de pesquisa para os químicos.

Progressos químicos permitiram a produção de combustíveis mais eficientes que, por sua vez, possibilitaram à multidão de motoristas viajar para mais longe e de modo mais barato. Agora a química está tendo de lidar com as consequências: uma atmosfera sufocada pelos gases emitidos e a escassez de recursos com os quais garantir nossos transportes diários.

> **Número de octanos**
>
> O número de octanos de uma mistura de gasolina, ou de um componente particular da gasolina, é uma medida de quão suave e eficientemente ele queima. Os números de octanos são medidos com relação ao 2,2,4-trimetilpentano (ou "iso-octano"), que é considerado de alta octanagem em 100, e ao heptano, que tem um número de octanos de 0. Esses componentes da gasolina com baixo número de octanos são os que apresentam maior probabilidade de provocar o tranco no motor.

A ideia condensada:
Combustível que mudou o mundo

40 Plásticos

Como fazíamos antes da invenção do plástico? Como levávamos nossas compras para casa? De onde tirávamos nossas batatas fritas para comer? Do que tudo era feito? É estranho pensar que isso não foi há tanto tempo assim.

Logo que as batatas fritas foram produzidas em massa, elas eram vendidas em latas, em pacotes de papel encerado ou, algumas vezes, em grandes recipientes dos quais eram retiradas pelo consumidor, como balas a granel. Hoje, comprar batatas fritas é uma tarefa mais conveniente e mais higiênica – elas são vendidas em pacotes de plástico, exatamente como os demais alimentos que compramos.

A primeira empresa de batatas fritas dos Estados Unidos foi fundada em 1908, o ano seguinte à invenção da baquelite, o primeiro plástico inteiramente sintético. A baquelite é uma resina de cor âmbar feita pela reação de dois compostos orgânicos, fenol e formaldeído. Inicialmente, pelo menos, o plástico era usado em todo tipo de produto, de rádios a bolas de sinuca. O Bakelite Museum em Somerset, na Inglaterra, chega a se gabar de um caixão de baquelite. Trata-se de um material termofixo, ou seja, uma vez firme, não pode ser remodelado por aquecimento.

❝O material de mil utilidades.❞
Slogan da companhia Bakelite

No espaço de poucas décadas, uma série inteira de outros plásticos, inclusive diversos remodeláveis (termoplásticos), se tornaram disponíveis. Durante algum tempo, pensou-se que esses materiais novos e duráveis resultassem da agregação apertada de moléculas de cadeia curta, mas, durante os anos 1920, o químico alemão Hermann Staudinger apresentou o conceito de "macromoléculas" e propôs que plásticos eram, na verdade, feitos de longas cadeias de polímeros (ver página 20).

A Era do Plástico Nos anos 1950, o saco de polietileno – o mais onipresente produto da idade do plástico – entrou em cena. A Era do Plástico estava a pleno vapor. Logo batatas fritas e outros itens alimentícios estavam

linha do tempo

3500 a.C.	1900	1907	1922
A carapaça de tartaruga ("plástico natural") é usada pelos egípcios para fazer pentes e pulseiras	Reconhecimento de polímeros	Começa a Era do Plástico com a baquelite, o primeiro plástico inteiramente sintético	Hermann Staudinger propõe que plásticos são feitos de moléculas de cadeia longa

sendo vendidos em pacotes de plástico, significando que as compras de uma semana inteira poderiam ser trazidas para casa engalanadas em plástico.

O processo para fabricar polietileno foi revelado em uma descoberta acidental por cientistas britânicos na ICI (Imperial Chemical Industries), em 1931. Envolvia o aquecimento do gás etileno (também conhecido como eteno) em alta pressão para produzir o que alternativamente é chamado de polietileno, um polímero do etileno. O eteno é um produto do craqueamento químico de óleo cru (ver página 62), de modo que a maior parte do polietileno tem origem na indústria do petróleo. Entretanto, o etileno – e, portanto, o polietileno – pode também ser feito usando-se recursos renováveis, por exemplo, por meio de uma conversão química do álcool produzido de plantas como a cana-de-açúcar.

A maioria dos sacos de polietileno é feita de polietileno de baixa densidade (LDPE), produzido em alta pressão, como no processo ICI. As cadeias do polímero no LDPE são retas, enquanto o polietileno de alta densidade (HDPE), que é produzido à baixa pressão, contém moléculas ramificadas que formam um material mais rígido.

Plásticos naturais

Materiais naturais que se comportam um pouco como plásticos são algumas vezes chamados de plásticos naturais. Por exemplo, chifre animal e carapaça de tartaruga (das carapaças de tartarugas marinhas) podem, como os plásticos, ser aquecidos e moldados no feitio desejado. De fato, esses materiais não são realmente o que pensaríamos de plásticos. Eles são compostos principalmente de uma proteína chamada queratina – a mesma proteína encontrada em nossos cabelos e unhas. Como um plástico, no entanto, a queratina é um polímero contendo muitas unidades repetidas. Como agora é ilegal o comércio de muitos desses materiais, a carapaça de tartaruga que era usada para fazer pentes e outros ornamentos para cabelo foi substituída quase inteiramente pelos plásticos sintéticos. A primeira imitação de carapaça de tartaruga foi o celuloide, um material semissintético inventado em 1870, que também funcionava como substituto útil para o marfim usado para fazer bolas de sinuca. O celuloide tendia a pegar fogo muito rapidamente – tanto que, de fato, foi logo substituído pela ligeiramente menos inflamável "celuloide de segurança". Hoje, plásticos mais novos, como o poliéster, são usados como substitutos da carapaça de tartaruga.

As armadilhas da durabilidade Para começar, não se havia pensado muito nas implicações ambientais da escalada na produção de plásticos. Afinal, os plásticos eram inertes quimicamente: eles duravam muito tempo

1931	1937	1940	1950	2009
Descoberta acidental do polietileno (politeno)	Produção comercial do poliestireno	Começa a produção de PVC no Reino Unido	Sacos de polietileno	O avião Boeing 787 é feito com 50% de plástico

e não pareciam reagir com qualquer coisa no ambiente. Entretanto, essa atitude levou ao crescimento dos volumes de lixo plástico descartados em aterros sanitários, bem como nos oceanos. No oceano do Pacífico Norte, há um "vórtice de lixo" em rotação de tamanho incomensurável, composto principalmente de plástico. Pensa-se que cada quilômetro quadrado de água nessa área contém por volta de três quartos de um milhão de pedaços de microplásticos, pequenas partículas de plástico que os peixes podem confundir com plâncton.

Muitos plásticos não são biodegradáveis, quebrando-se ao longo do tempo em pedaços menores, ou microplásticos. No solo, esses microplásticos podem bloquear os intestinos de aves e mamíferos. Relativamente, o polietileno é o plástico menos biodegradável que existe. O "polietileno verde", feito de cana-de-açúcar, é a mesma coisa (ver "Bioplástico", na página seguinte). Entretanto, opiniões sobre biodegradação entre químicos e microbiologistas estão agora mudando ligeiramente.

Micróbios que comem plástico   O motivo pelo qual o polietileno permanece no ambiente é que ele não é quebrado por micróbios. Isso se deve ao fato de sua estrutura, composta inteiramente de cadeias de carbono e hidrogênio, não conter qualquer dos grupos químicos que esses organismos microscópicos gostam de utilizar. Os micróbios se ligam a grupos contendo oxigênio, como a carbonila (C=O). A oxidação, usando calor e catalisadores – ou até a luz do sol via foto-oxidação –, é um dos meios de se converter polietileno em uma forma que os bichos têm maior capacidade de digerir. Mas outra opção é simplesmente procurar bichos específicos que não se incomodem tanto com as partes oxidadas.

Os microbiologistas descobriram agora bactérias e fungos que fabricam enzimas capazes de degradar ou "comer" plásticos. Alguns podem de fato crescer em filmes na superfície do polietileno, usando-o como uma fonte de carbono para as reações metabólicas. Em 2013, cientistas indianos relataram que tinham encontrado três espécies diferentes de bactérias marinhas no Mar da Arábia, as quais conseguiam degradar polietileno antes que ele oxidasse. A melhor delas era uma subespécie de *Bacillus subtilis*, um microrganismo comumente encontrado no solo e no intestino humano. Enquanto isso, a nação Índia sozinha continua a consumir 12 milhões de toneladas de produtos plásticos todos os anos, e gerar dezenas de milhares de toneladas de lixo por dia.

O porquê de geralmente os pacotes de batatas fritas não poderem ser reciclados, no entanto, é que eles contêm uma camada de metal, para garantir o frescor, que mantém o oxigênio do lado de fora. A não ser que você mesmo retalhe os pacotes e os transforme em roupas de marca inovadoras, você terá de mandá-los para o aterro sanitário. Entretanto, o plástico mais usado em

Bioplásticos

O termo "bioplásticos" confunde. Algumas vezes quer dizer plásticos feitos de materiais renováveis, como celulose de plantas – mais precisamente chamados plásticos com base biológica; outras vezes significam plásticos biodegradáveis. Poli(ácido lático) (PLA) é feito de material de planta e é biodegradável. Entretanto, nem todos os plásticos com base biológica são biodegradáveis. O polietileno pode ser feito de materiais de plantas, mas é extremamente resistente à biodegradação.

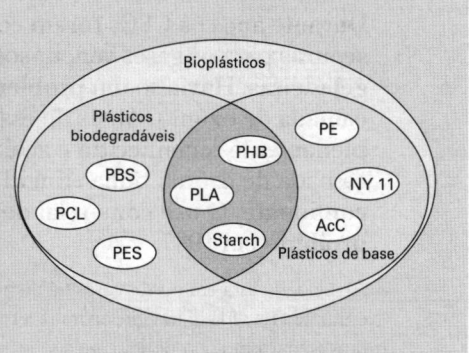

Diagrama de Venn: Bioplásticos englobando Plásticos biodegradáveis (PBS, PCL, PES, PHB, PLA, Starch) e Plásticos de base (PE, NY 11, AcC, PHB, PLA, Starch).

pacotes de batatas fritas é o polipropileno; em 1993, químicos italianos descobriram ser possível fazer com que bactérias crescessem no polipropileno acrescentando lactato de sódio e glicose. Teoricamente, talvez pudéssemos fazer com que os micróbios comessem nossos pacotes de batatas fritas, além de outros lixos plásticos. Mas o maior impacto sobre o lixo poderia se dar com a simples redução da quantidade de embalagens plásticas que usamos.

A ideia condensada: Polímeros multiuso causam um problema de poluição

41 CFCs

Durante anos os CFCs foram considerados alternativas seguras para os gases venenosos originalmente usados em geladeiras. Havia só um problema: eles destruíam a camada de ozônio. Antes de esse problema ser plenamente reconhecido e aceito, no entanto, o buraco na camada de ozônio tinha atingido o tamanho de um continente. O uso comercial de CFCs acabou sendo proibido em 1987.

A geladeira está em nossas casas há menos de um século, mas tornou-se tão enraizada na vida diária que agora já a tomamos como indispensável. Podemos tomar um copo de leite gelado sempre que temos vontade, e o suave zumbido da caixa no canto da cozinha já inspirou obras-primas culinárias, como o bolo gelado de chocolate. Em 2012, a Royal Society decretou que a geladeira é a mais importante invenção da história da alimentação.

Embora seja realmente um alívio não ter de reabastecer sua despensa a cada dois dias, há sempre a chance de você descobrir algo desagradável à espreita na parte de trás da sua geladeira. E se em vez de algumas folhas podres for um buraco na camada de ozônio do tamanho de um continente?

Agora sabemos que os gases responsáveis pelo buraco na camada de ozônio são os CFCs – fluidos refrigerantes desenvolvidos para substituir os gases venenosos usados nas geladeiras no início do século XX. Esses compostos contendo cloro se decompõem com a luz do Sol para liberar radicais livres de cloro danosos na atmosfera (ver "Como os CFCs destroem a camada de ozônio?", na página seguinte). Antes dos CFCs, os fabricantes de geladeiras usavam cloreto de metila, amônia e dióxido de enxofre, todos muito perigosos se inalados num espaço fechado. Um vazamento de fluido refrigerante podia ser fatal.

Solução legal Muitos relatos citam uma explosão letal envolvendo cloreto de metila num hospital em Cleveland, Ohio, em 1929, como a motiva-

linha do tempo

1748	1844	1928	1939
Primeira demonstração de refrigeração	John Borrie constrói um "fazedor de gelo"	CFCs são desenvolvidos para geladeiras	Primeiro refrigerador-freezer nos Estados Unidos

ção para o desenvolvimento de gases refrigerantes não tóxicos. Na realidade, as 120 vítimas fatais desse desastre parecem ter morrido por inalação de monóxido de carbono junto com óxidos do nitrogênio produzidos quando filmes de raio-X pegaram fogo, e não por aspirarem cloreto de metila. Mas, de qualquer modo, a indústria química já sabia muito bem dos perigos de usar gases venenosos como refrigerantes e estava trabalhando numa solução.

No ano anterior ao do acidente de Cleveland, Thomas Midgley Jr., um pesquisador na General Motors, fizera um composto atóxico contendo halogênio, chamado diclorodifluorometano (CCl_2F_2), um nome complicado que foi abreviado para Freon. Esse foi o primeiro CFC, embora não tivesse sido relatado publicamente até 1930. O chefe de Midgley, Charles Kettering, estava buscando um novo gás refrigerante que "não pegasse fogo e que estivesse livre de efeitos perigosos para as pessoas". Retrospectivamente, pode ser considerado um mal sinal o fato de ter sido Midgley, que tinha acabado de descobrir o chumbo tetraetila – o agente antidetonante no petróleo com chumbo –, o químico designado para a tarefa.

Em 1947, três anos depois da morte de Midgley, provavelmente por suicídio, Kettering escreveu que o Freon tinha

Como os CFCs destroem a camada de ozônio?

À luz do Sol, CFCs se quebram para liberar radicais de cloro – átomos de cloro livres que são muito reativos devido às suas ligações sem pares ou "ligações pendentes". Os radicais de cloro dão a partida em uma reação em cadeia que puxa átomos de oxigênio das moléculas de ozônio (O_3). Eles temporariamente se juntam com o oxigênio para formar compostos de cloro e oxigênio, mas são depois reciclados para produzir mais radicais de cloro, que destroem mais moléculas de ozônio. Reações semelhantes ocorrem com o bromo. Durante o inverno antártico há muito pouca ou nenhuma luz do Sol, de modo que é só quando chega a primavera, e a luz do dia retorna, que ocorrem as reações. No restante do ano, o cloro dos CFCs permanece preso em compostos estáveis em nuvens de gelo. O ozônio pode também ser quebrado naturalmente pela luz do Sol, mas em geral se restabelece na mesma velocidade. Quando os radicais de cloro estão presentes, no entanto, eles inclinam o equilíbrio em favor da destruição do ozônio.

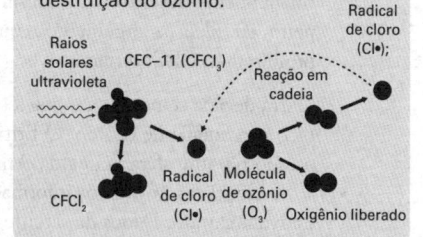

Raios solares ultravioleta — CFC–11 ($CFCl_3$) — Reação em cadeia — Radical de cloro (Cl•);

$CFCl_2$ — Radical de cloro (Cl•) — Molécula de ozônio (O_3) — Oxigênio liberado

1974
Descoberta do mecanismo de depleção da camada de ozônio pelos CFCs

1985
Encontrado o buraco na camada de ozônio acima da Antártica

1987
Acordo sob o Protocolo de Montreal para a redução de substâncias químicas depletivas do ozônio

> **Viver com 6 dólares por dia significa que você tem uma geladeira, uma tevê, um telefone celular e que seus filhos podem ir à escola.**
>
> Bill Gates

exatamente as propriedades exigidas. Não pegava fogo e era "inteiramente desprovido de efeitos danosos para homens e animais". Isso era verdade em um sentido: não provocava dano direto quando pessoas ou animais o respiravam. Kettering notara que nenhum dos animais de laboratório usados nos testes mostrou sinais de doença quando expostos ao gás. Midgley tinha até demonstrado como os CFCs eram seguros inspirando-os, ele mesmo, dando uma grande inalada do gás durante uma apresentação. Então, resultou que os CFCs foram adotados como os novos gases refrigerantes. Midgley, tendo tido um fim prematuro, não sobreviveu para compreender o impacto de sua pesquisa.

Tampando o buraco Em 1974, mais ou menos na época em que os refrigeradores-freezers estavam sendo entupidos de bolos Floresta Negra e Rolo do Ártico, a primeira evidência dos efeitos dos CFCs apareceu em um artigo publicado por Sherwood Rowland e Mario Molina, dois químicos da Universidade da Califórnia. O artigo alegava que a camada de ozônio – que filtra as partes mais danosas da radiação UV vinda do Sol – poderia ser reduzida à metade antes de meados do século XXI caso não se proibissem os CFCs.

Previsivelmente, essas alegações foram recebidas com consternação por parte das companhias químicas, que estavam ganhando dinheiro com os gases refrigerantes. Naquela época não havia provas de que os CFCs estivessem causando qualquer dano real à camada de ozônio – Rowland e Molina tinham apenas descrito o mecanismo. Muita gente ainda estava cética a respeito da ideia e argumentou que as consequências econômicas de se proibirem os CFCs seriam graves.

Outra década se passou até que fosse fornecida prova conclusiva para o buraco na camada de ozônio. O British Antartic Survey vem monitorando o ozônio na atmosfera acima da Antártica desde o fim dos anos 1950, e em 1985 cientistas já tinham informações suficientes para saber que os níveis estavam caindo. Dados de satélite mostraram que o buraco se estendia por cima de todo o continente antártico. Apenas dois anos mais tarde os países de todo o mundo ratificaram o Protocolo de Montreal sobre Substâncias que Destroem a Camada de Ozônio, o que estabeleceu um cronograma para o banimento gradual dos CFCs.

O que está à espreita atrás da sua geladeira atualmente, então? Alguns fabricantes substituíram os CFCs por HFCs (hidrofluorcarbonetos). Visto que é o cloro que faz todo o estrago, os hidrofluorcarbonetos são um substituto lógico. Entretanto, em 2012, Mario Molina assinou um artigo destacando outro problema: HFCs podem não danificar a camada de ozônio, mas alguns deles são mais de mil vezes mais potentes como gases geradores de efeito estufa do que o dióxido de carbono. Em julho de 2014, pelo quinto ano seguido, grupos do Protocolo de Montreal discutiram a extensão de suas determinações aos HFCs.

E agora?

O buraco na camada de ozônio aumentou dramaticamente em tamanho no fim dos anos 1970 e início dos anos 1990. Desde então, com a assinatura do Protocolo de Montreal, seu tamanho médio se estabilizou e finalmente começou a diminuir. O buraco atingiu o auge em setembro de 2006, com cerca de 27 milhões de quilômetros quadrados. Como as substâncias químicas que eliminam o ozônio na atmosfera têm vida longa, pode demorar até 2065 para que o buraco readquira o tamanho que tinha nos anos 1980, de acordo com os cientistas da NASA.

A ideia condensada: Uma narrativa cautelosa a respeito de substâncias químicas

42 Compósitos

Por que usar um material quando é melhor usar dois? A combinação de diferentes materiais pode produzir materiais híbridos com propriedades extraordinárias, como a capacidade de suportar temperaturas até milhares de graus e absorver o impacto de uma bala. Compósitos avançados protegem astronautas, soldados, a força policial e até seu delicado smartphone.

Em 7 de outubro de 1968, a primeira nave espacial Apollo tripulada foi lançada da Cape Canaveral Air Force Station, na Flórida, começando um tenso voo de onze dias que iria testar as relações entre tripulação e controle da missão. No ano anterior, três astronautas haviam morrido em solo durante um teste daquele que seria o primeiro voo tripulado do programa. No entanto, as missões Apollo remanescentes se mostraram bem-sucedidas não apenas por levarem seres humanos à Lua pela primeira vez, mas porque entregaram sua tripulação a salvo de volta à Terra.

Uma característica de segurança fundamental no módulo de comando da Apollo era seu escudo térmico. Quando uma explosão mutilou a Apollo 13, obrigando-a a voltar para casa sob potência limitada, o destino da sua tripulação dependeu do escudo térmico. Antes da reentrada na atmosfera, ninguém sabia ao certo se o escudo térmico ainda estava intacto. Sem a proteção que ele oferecia, Jim Lovell, Jack Swigert e Fred Haise teriam fritado.

Na matriz Os escudos térmicos nos módulos de comando da missão Apollo eram feitos de materiais compósitos que são ditos "ablativos" – eles se queimam devagar, ao mesmo tempo que protegem a nave espacial de danos. O compósito em particular que eles empregaram foi chamado Avcoat, e embora não tenha sido usado em voos espaciais desde as missões Apollo, a NASA anunciou planos para usá-lo no escudo térmico da Orion, que será a próxima nave espacial tripulada a visitar a Lua.

linha do tempo

1879	1958	1964	1968
Thomas Edison cozinha algodão para fazer fibras de carbono	Roger Bacon demonstra as primeiras fibras de carbono de alto desempenho	Stephanie Kwolek desenvolve as fibras de aramida	O módulo de comando do Apollo usa compósitos em voos espaciais tripulados

Kevlar®

Há diversos tipos ou gradações de fibras Kevlar, umas mais fortes do que outras. Principalmente, ouvimos falar daquelas que são empregadas como reforço em materiais leves à prova de bala, mas as fibras são usadas também nos cascos de barcos, turbinas de vento e até nas caixas de alguns smartphones. Quimicamente, as cadeias de polímero no Kevlar não são diferentes das do *nylon* – as duas contêm um grupo amida que se repete, destacado na estrutura química abaixo. Stephanie Kwolek estava trabalhando com *nylon* quando inventou o Kevlar na DuPont. No *nylon*, porém, as cadeias ficam retorcidas, de modo que não conseguem formar lâminas tão estáveis. Cada grupo amida numa cadeia de polímero Kevlar pode formar duas ligações fortes de hidrogênio, conectando-a a duas outras cadeias. Repetido ao longo do comprimento de cada cadeia, esse grupo amida cria um arranjo regular de grande força.

Uma desvantagem, no entanto, é que essa estrutura também faz com que o material fique rígido; então, um colete à prova de bala pode salvar a sua vida, mas provavelmente não será muito confortável.

Uma ligação de hidrogênio

Esse grupo amida é repetido ao longo do polímero, exatamente como no *nylon*

Estrutura do Kevlar

Do mesmo modo que outros compósitos, as propriedades especiais do Avcoat – como a capacidade de resistir a temperaturas de até mil graus – são resultado de sua combinação de materiais. Juntos, os diferentes materiais formam um supermaterial que é maior do que a soma de suas partes. Muitos compósitos são feitos de dois componentes principais. Um é a "matriz", que é muitas vezes uma resina que funciona como aglutinante para o outro componente. Esse segundo componente é geralmente uma fibra ou fragmento que reforça a matriz, dando a ela força e estrutura. O Avcoat é feito de fibras

1969
Avião a jato F-4 recebe lemes de boro-epóxi

1971
Fibras de aramida Kevlar® são comercializadas pela DuPont

2018
A nave espacial Orion deve ser lançada com escudo térmico do compósito Avcoat.

de sílica embebidas em uma resina, sendo então formado numa estrutura de favo de mel de fibra de vidro. Para os módulos de comando da Apollo, havia mais de 300 mil orifícios no favo de mel, e o processo de preenchê-los foi feito à mão.

> **"Achei que havia alguma coisa diferente quanto a isso. Isso talvez possa ser muito útil."**
>
> Stephanie Kwolek,
> ao inventar o Kevlar®

Compósitos comuns Você pode achar que não conhece nenhum outro material como o Avcoat, mas os compósitos não são usados apenas em voos espaciais; são muito mais comuns do que se pode pensar. O concreto é um bom exemplo de material compósito. É formado por uma combinação de areia, brita e cimento. Claro que há também compósitos naturais, como o osso, que é feito de um mineral chamado hidroxiapatita e da proteína colágeno. Cientistas de materiais estão tentando imitar a estrutura do osso para desenvolver novos compósitos, como materiais avançados nanoestruturados com potencial para aplicação na medicina.

Talvez os compósitos mais amplamente reconhecidos sejam a fibra de carbono e o Kevlar. O nome fibra de carbono se refere a filamentos de carbono rígidos que dão resistência a tacos de golfe, carros de corrida Fórmula 1 e próteses. Descobertos nos anos 1950 por Roger Bacon, eles formaram os primeiros materiais compósitos de alto desempenho. (O concreto tinha começado a entrar em uso generalizado um século antes). Bacon chamou seus filamentos de carbono de "bigodes de gato", e mostrou que eles eram de 10 a 20 vezes mais fortes do que o aço. Em geral, quando dizemos fibras de carbono estamos nos referindo a um polímero reforçado com fibra de carbono, um compósito formado quando os bigodes de gato são embebidos em uma resina, como epóxi, ou em algum outro material aglutinante.

Alguns anos mais tarde as aramidas foram descobertas pela química Stephanie Kwolek na companhia norte-americana DuPont, que registrou as patentes e comercializou seu material como Kevlar® (ver "Kevlar®", página 171) nos anos 1970. Kwolek descobriu as fibras à prova de bala enquanto trabalhava em materiais para pneus – ela percebeu que podia fabricar uma fibra que era mais dura do que o *nylon* e que não se quebraria ao ser fiada. A resistência do Kevlar está relacionada à sua estrutura química muito regular e perfeita que, por sua vez, promove ligações de hidrogênio regulares (ver página 22) entre as cadeias de polímeros.

Alçando voo Compósitos de alto desempenho, como as fibras de carbono, não são encontrados apenas em naves espaciais. Um aeroplano moderno pode ser um mosaico de compósitos diferentes. O corpo principal de um Boeing 787 Dreamliner é 50% compósitos avançados – principalmente plástico reforçado com fibra de carbono. Esses materiais leves acrescentam até 20% de economia no peso total, quando comparados a uma aeronave de alumínio mais convencional.

A economia no peso também oferece uma vantagem no solo, e, em 2013, engenheiros da companhia Edison 2 com base em Lynchburg, na Virginia, nos Estados Unidos, revelaram a quarta edição de seu VLC – carro muito leve. O VLC 4.0 pesa apenas 635 quilos – menos do que um carro de Fórmula 1, e mais ou menos metade do peso de um carro comum tamanho família – embora pareça mais com um miniavião branco. Como o Dreamliner, combina aço, alumínio e fibra de carbono.

Depois de uma década em desenvolvimento, a nave espacial Orion, da NASA, está quase pronta para seus primeiros voos testes não tripulados. A segurança de posteriores voos tripulados – como a pioneira nave espacial Apollo – vai depender do escudo térmico Avcoat do módulo de comando. Com 5 metros de diâmetro, o escudo térmico da Orion é considerado o maior já fabricado. O processo de fabricação teve de ser "recuperado"; alguns dos ingredientes originais não estão sequer disponíveis hoje. Mesmo assim, o Avcoat é ainda considerado o melhor material para a tarefa quase cinquenta anos depois.

> **Materiais autocurativos**
>
> Imagine uma asa de avião que pudesse curar suas próprias rachaduras. Uma das aplicações dos compósitos muito comentada é a dos materiais que se autocuram. Pesquisadores na Universidade de Illinois em Urbana-Champaign, nos Estados Unidos, vêm trabalhando em materiais compósitos de fibra reforçada que contêm canais preenchidos com agentes cicatrizantes – de modo que, se um material é danificado, os canais liberam uma resina e um endurecedor que, ao serem combinados, o vedam novamente. Em 2014, os pesquisadores reportaram um sistema que poderia se autocurar desse modo repetidas vezes.

A ideia condensada: Materiais maiores do que a soma das partes

43 Células solares

Os painéis solares mais modernos são feitos de silício, mas cientistas estão trabalhando para tentar mudar isso. Eles querem algo mais barato e bem mais "transparente", talvez baseado em algum material compósito. Melhor ainda seria algo que pudesse ser aplicado como uma camada de spray, de modo que você pudesse colocá-la sobre qualquer superfície vítrea – imagine poder utilizar seus aquecedores a partir de sua janela!

É o futuro. Você está comprando uma casa novinha e lhe pedem para tomar diversas decisões difíceis. Que ladrilhos você quer no banheiro? Torneiras padrão ou sofisticadas? Que cor para os carpetes? Há também opções para as janelas: você escolhe vidro duplo, mas se pergunta sobre o vidro solar. Os empreiteiros lhe dizem que, se você escolher o solar, algum funcionário do fornecedor da janela irá borrifar as folhas de vidro que você encomendou com uma substância completamente transparente e que absorve a luz. Suas janelas solares irão gerar eletricidade que poderá realimentar a rede elétrica e ser usada para pagar metade da sua conta de aquecimento. E a aparência não vai ser diferente de qualquer janela comum.

De qualquer modo, esse é o sonho. De volta ao presente, ainda estamos lidando com questões difíceis, como eficiência – como extrair a quantidade máxima de energia da luz do Sol – e custo de fabricação desses materiais. Mas não é assim tão exagerado imaginar a pintura de janelas e de outras superfícies do domicílio com spray, com materiais que armazenam a luz do Sol. Grande parte do trabalho já tem sido feita em laboratório, pelo menos.

Começando com silício Hoje, a maior parte dos painéis solares encontrados em prédios ou em parques solares é feita de silício – o que não é de admirar, visto que, dada a onipresença do silício em chips de computadores, já sabemos muito a respeito da química e das propriedades eletrônicas do material. A primeira célula solar de silício – ou "bateria solar", como foi apelidada por seus criadores – foi feita no Bell Labs, a firma de semicon-

linha do tempo

1839	1839	1954	1958
O efeito fotovoltaico é observado por Edmond Becquerel	A "barreira PN" é observada por Edmond Becquerel	Pesquisadores do Bell Labs inventam a célula solar de silício	Lançado o primeiro satélite (Explorer VI) com arranjo fotovoltaico

Células solares baseadas em corantes

Na fotossíntese, a energia da luz é extraída pela clorofila, um pigmento natural que fica excitado pela luz do Sol e passa essa excitação adiante como elétrons, por meio de uma série de reações químicas, para criar energia química (ver página 150). Células solares sensibilizadas por corantes, inventadas pelo químico suíço Michael Grätzel em 1991, fazem algo parecido usando moléculas de pigmentos de corantes. "Sensibilizado por corante" refere-se ao fato de que é o corante que torna a célula sensível à luz. O corante recobre um semicondutor dentro da célula solar – os dois são ligados quimicamente –, e quando a luz atinge o corante, parte de seus elétrons fica excitada e "pula" para a camada (mais externa) do semicondutor, que os conduz para uma corrente elétrica. Os cientistas experimentaram corantes do tipo porfirinas, como os pigmentos clorofila nas plantas. São considerados os melhores corantes fotossensíveis aqueles que contêm metais de transição como o rutênio, embora o rutênio seja um metal raro, de modo que não se presta exatamente à fabricação sustentável de painéis solares. A eficiência também, em geral, é baixa. Em 2014, no entanto, a própria equipe de Grätzel no Swiss Federal Institute of Technology usou materiais perovskita para aumentar a eficiência de extração de suas células sensibilizadas por corante em 15%.

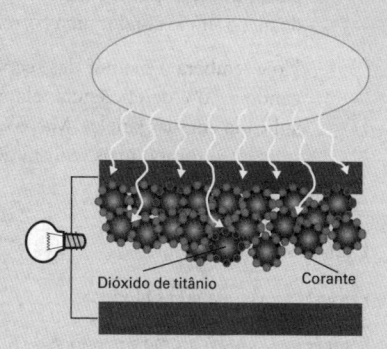

Dióxido de titânio — Corante

dutores que desenvolveu o transistor e as técnicas para padronizar o silício que se tornariam cruciais para a fabricação dos chips de silício (ver página 100). Essa bateria solar foi anunciada em 1954 e poderia converter energia da luz do Sol com uma eficiência de cerca de 6%. Logo estava gerando energia para satélites espaciais.

Pesquisas sobre o efeito fotovoltaico, que foi descoberto em 1839 pelo físico francês Alexandre-Edmond Becquerel, estão profundamente enraizadas na história do Bell Labs e do químico Russell Ohl. Em 1939, Ohl estava pesquisando materiais capazes de detectar sinais de rádio de onda curta. Enquanto tomava algumas medidas elétricas no silício, ele ligou um ventilador

1960
A Silicon Sensors começa a produzir células de silício

1982
Primeira estação de energia solar em escala de megawatt

1991
Michael Grätzel e Brian O'Regan relatam as primeiras células solares com base em corante

2009
Primeiros relatos de perovskitas em células solares

de refrigeração no laboratório. O ventilador estava posicionado entre a janela e seus cilindros de silício. Estranhamente, os picos de voltagem que ele mediu pareciam coincidir com a rotação das pás do ventilador, deixando passar a luz. Depois de alguma reflexão, Ohl e seus colegas se deram conta de que o silício conduz uma corrente quando é exposto à luz.

Hoje, embora a melhor das tecnologias fotovoltaicas de silício esteja chegando a 20% de eficiência, ela ainda é bastante cara e não há chance de aplicá-la em suas janelas. Mas o sonho dos "fotovoltaicos integrados à construção" se tornou mais realista desde o desenvolvimento de células solares orgânicas, que, como as plantas, usam moléculas orgânicas (ver página 150) para capturar a energia da luz do Sol. Essas células solares orgânicas podem ser formadas em filmes grandes, finos e flexíveis, que podem ser enrolados ou dobrados, ou envolvidos em torno de uma superfície curva. O único problema é que, atualmente, elas não são tão eficientes quanto as células solares de silício inorgânico.

> **Perovskitas**
>
> Perovskitas são materiais híbridos orgânicos/inorgânicos que contêm halogênios, como o bromo e o iodo, e metais. Um dos perovskitas mais bem-sucedidos até agora nas células solares tem a fórmula química $CH_3NH_3PbI_3$ – contendo também chumbo. Isso é um problema, porque o chumbo é tóxico e a legislação ambiental direcionada a reduzir o uso do chumbo em produtos como tintas já está em vigor há décadas. Por outro lado, pesquisadores recentemente mostraram que podiam reciclar o chumbo de baterias velhas para fazer células solares de perovskita.

Ficando orgânico A arquitetura básica de uma célula solar orgânica é um sanduíche, em que as duas fatias de pão são camadas de eletrodos e o recheio é feito de camadas de materiais orgânicos que são ativados pela luz do sol. A luz ultravioleta excita elétrons no material, transportando-os para os eletrodos e gerando uma corrente. Reforçar os materiais usados nas camadas internas e externas do sanduíche poderia criar uma célula solar mais eficiente. O grafeno (ver página 186), por exemplo, foi testado como alternativa ao uso comum dos eletrodos de óxido de estanho e índio, e pode trabalhar tão bem quanto eles, de acordo com um estudo norte-americano publicado em 2010. Os dois são transparentes, mas o grafeno, com base de carbono, seria preferível, porque o suprimento de óxido de estanho e índio é limitado.

A companhia química BASF recentemente uniu forças com a Daimler, uma divisão da Jaguar, para fazer conjuntos orgânicos, transparentes e coletores de luz solar para o teto de seu novo carro elétrico, o Smart Forvision. Infelizmente, o teto não absorve energia suficiente para alimentar o carro, mas pode bastar para energizar o sistema de refrigeração. Ainda é a eficiência geral de células solares orgânicas que aflige o desenvolvimento e uso prático desses conjuntos orgânicos. Eles ainda não conseguem ir muito além de 12%. E, mais, enquanto um painel solar de silício pode durar até 25 anos, um equivalente orgânico lutaria para chegar à metade dessa idade. Por outro lado, os conjuntos orgânicos podem ser feitos em quase qualquer cor e são flexíveis. Então, se você estiver interessado em dispositivos alimentados pelo sol, coloridos de púrpura, flexíveis e que você possa jogar fora depois de um par de anos, os orgânicos provavelmente são a melhor escolha.

Pulverizador solar Enquanto a pesquisa sobre materiais orgânicos focalizou a melhoria de sua eficiência e durabilidade, um novo material apareceu em cena. Perovskitas (ver "Perovskitas", na página 176) estavam classificados entre os dez principais avanços de 2013 pelo internacionalmente renomado periódico *Science*. Esses materiais híbridos orgânicos/inorgânicos logo adquiriram níveis surpreendentes de eficiência de 16%, e estão avançando para 50%, aparentemente. Eles são fáceis de fazer e, mais ainda, técnicas para revestimento de superfícies por spray já estão em desenvolvimento. Talvez as janelas do futuro não estejam tão distantes. Muito embora pagar só a metade de sua conta de aquecimento seja definitivamente pedir demais.

> **"Eu investiria meu dinheiro no Sol e na energia solar, que fonte de força! Espero que não tenhamos de esperar até que o óleo e o carvão acabem para resolver isso."**
> **Thomas Edison**

A ideia condensada:
Materiais que fabricam eletricidade com a luz do Sol

44 Drogas

Como os químicos decidem fazer uma droga? De onde vem a ideia, como é transformada num composto ou mistura química funcional? Muitos dos produtos da indústria farmacêutica são baseados em substâncias químicas naturais, enquanto outros são os *hits* gerados pela triagem de milhares ou milhões de compostos diferentes em busca daqueles que executam a tarefa exigida.

Há inúmeros tipos diferentes de drogas. Há o tipo de droga que o médico receita. Há o tipo de droga fornecida por personagens obscuras em becos urbanos. Há as drogas que matam. Drogas que curam. As que causam euforia. As que deprimem. Há drogas que vêm de cogumelos, caracóis venenosos, papoulas e casca de salgueiro. Há drogas completamente sintéticas, projetadas e fabricadas por químicos. E então há as drogas únicas baseadas em compostos encontrados em esponjas do mar, que surgem em meio milhão de formas químicas diferentes, exigem 62 etapas químicas distintas para serem feitas e são usadas para tratar câncer de mama avançado.

Tudo ao mar No início dos anos 1980, pesquisadores japoneses nas universidades de Meijo e Shizuoka coletavam amostras de esponjas na Península de Miura, ao sul de Tóquio. Esponjas são animais aquáticos – colônias contendo centenas ou milhares de indivíduos que parecem mais com plantas ou cogumelos. Um animal em particular – uma esponja preta da qual os pesquisadores tinham coletado 600 quilos para fazer experiências – produziu um composto que lhes despertou o interesse. Em 1986, eles anunciaram em um periódico químico que esse composto "exibia notável... atividade antitumoral".

No passado, teria havido muito poucas opções para aproveitar o poder de um composto desses, além de coletar ainda maior quantidade de esponjas do mar. E foi isso, pelo menos inicialmente, que as pessoas tentaram fazer. Depois que se soube da outra esponja no mar profundo, mais comum, que

linha do tempo

1806	1928	1942	1963
A morfina é isolada do ópio das papoulas	Descoberta da penicilina	Parente da arma química, o gás mostarda é usado como a primeira quimioterapia contra o câncer	Lançamento da benzodiazepina (Valium)

produzia a mesma substância química que derrotava o câncer, o National Cancer Institute (NCI), nos Estados Unidos, e o National Institute of Water and Atmospheric Research, na Nova Zelândia, financiaram um projeto de meio milhão de dólares para retirar uma tonelada do animal do fundo do mar, no litoral da Nova Zelândia. Isso rendeu menos de meio grama do composto que buscavam – halicondrina B.

Pior ainda, parecia praticamente impossível copiar a halicondrina B usando estratégias sintéticas. Era uma molécula grande, complexa, com bilhões de formas diferentes – estereoisômeros (ver página 139), em que os mesmos átomos estão ligados uns aos outros, mas com alguns dos grupamentos químicos em orientações diferentes.

Na biblioteca Com a chegada dos anos 1990, os químicos tinham acertado numa nova estratégia para a fabricação de drogas. Em vez de se fiarem em biossínteses naturais (ver página 146) ou longas sínteses químicas sinuosas (ver página 66) de uma molécula específica, eles estavam gerando "bibliotecas" inteiras de moléculas diferentes e fazendo a triagem de todas elas em busca de atividades interessantes. Esse método pode ser útil se você quiser, digamos, uma molécula para mirar um receptor específico em uma célula (ver "Alvo Fácil?", na página 180). Com o uso de uma biblioteca química, você pode realizar o mesmo teste em inúmeras

Viagra

Sildenafil, mais conhecido como Viagra, é uma droga descrita como "inibidora de fosfodiesterase tipo 5" – ela impede que uma enzima chamada fosfodiesterase tipo 5 (PDE5) funcione como devia. Nos anos 1980, cientistas da Pfizer já sabiam que a PDE5 era responsável por quebrar uma substância química que provoca o relaxamento dos músculos nos vasos sanguíneos. O Viagra funciona ao impedir que a PDE5 degrade essa substância química, permitindo que o sangue corra para os vasos sanguíneos relaxados. A equipe da Pfizer estava, originalmente, trabalhando num tratamento para doença cardíaca. Em 1992, eles começaram a testar sildenafil em pacientes cardíacos. Duas coisas logo se tornaram aparentes: primeiro, a droga não era especialmente útil para tratar pressão arterial ou angina; e segundo, tinha alguns efeitos colaterais pouco comuns em pacientes do sexo masculino.

Molécula de Viagra

1972 Descoberta da fluoxetina (Prozac)

1987 Primeira estatina, lovastatina, disponível para prescrição

1998 Lançamento do Viagra

2006 Vendas de Lipitor, droga redutora de colesterol da Pfizer, atingem o pico de 13,7 bilhões de dólares

Alvo fácil?

A maior parte das drogas que mais vendem são substâncias químicas que miram em receptores na superfície da célula, como, por exemplo, os GPCRs – receptores de proteínas acopladas. Os GPCRs são um grupo imenso de receptores que ficam na membrana das células, onde eles passam adiante mensagens químicas. Mais de um terço das drogas receitadas – inclusive Zantac, para indigestão, e Zyprexa, para esquizofrenia – assestam em GPCRs. É por isso que os desenvolvedores de drogas continuam a fazer a triagem de milhares de drogas potenciais de cada vez, procurando qualquer uma que possa atingir GPCRs.

moléculas diferentes e produzir uma lista das que apontam para aquele receptor. Agora você tem uma lista mais curta e pode estudar cada molécula com mais cuidado.

Enquanto isso, uma rota química para a sintetização da halicondrina B acabou sendo publicada, mas era tediosa e ainda assim não produzia o composto em quantidade suficiente. Uma companhia japonesa chamada Eisai Pharmaceuticals começou a produzir em larga escala compostos um tanto parecidos com halicondrina B, mas menos complexos, para ver se encontrava um que funcionasse com a mesma eficácia. A intenção era que tais compostos fossem análogos, no sentido de que o modo de ação deveria ser o mesmo, ainda que suas estruturas fossem diferentes. Os cientistas da Eisai sabiam, a partir do trabalho do NCI, que o composto original agia sobre a tubulina, uma proteína que mantém unida a estrutura das células e que é necessária para o crescimento do câncer. Qualquer análogo eficaz teria de acertar a mesma proteína.

Embora esse método pudesse ser um tanto fora de moda, funcionou. Eles encontraram a eribulina, um produto que agora já está licenciado para o tratamento do câncer de mama avançado, mesmo que tenha mais de meio milhão de estereoisômeros possíveis e requeira 62 etapas para ser fabricado. Inspirar-se na natureza ainda é o melhor meio de ter sucesso no negócio das drogas, porque a natureza já fez a maior parte do trabalho. Cerca de 64% de todas as drogas novas licenciadas entre 1981 e 2010 tiveram algum tipo de inspiração natural. A maior parte é extraída de organismos vivos, modelada ou modificada de substâncias químicas fabricadas por organismos vivos, ou projetadas especificamente para interagir com moléculas específicas em organismos vivos. Algumas vezes é necessário apenas um pouco (ou muito) de química inteligente para dar bom uso a essa inspiração.

Drogas projetadas Mesmo assim, há muitas drogas bem-sucedidas que têm outras origens. Tome o exemplo do Viagra (ver "Viagra", página 179), uma droga que não deu certo para pressão arterial e que se tornou o medicamento mais rapidamente vendido de todos os tempos. Mas se você precisa de um ponto de partida para começar a procurar, os lugares óbvios são frequentemente as moléculas naturais responsáveis pela doença. Elas podem ser partículas de vírus ou moléculas disfuncionais no corpo humano propriamente dito. Se você estiver buscando uma droga para fazer uma tarefa específica, uma estratégia potencial é o "projeto racional". Por meio de técnicas como a cristalografia de raios-X (ver página 90) é possível reunir informações suficientes a respeito de uma molécula da doença para projetar moléculas de drogas que possam interagir com ela, talvez a impedindo de prejudicar o corpo. Parte do trabalho inicial pode ser feito em simulações no computador, antes mesmo que a molécula da droga candidata tenha chegado ao laboratório.

O projeto racional é uma estratégia que os químicos estão agora empregando para lidar com um dos maiores problemas encarados atualmente pela indústria farmacêutica: a resistência a drogas. Enquanto os micróbios e os vírus se adaptam com uma velocidade assustadora para fugir de nossas armas químicas, a única maneira de mantê-los afastados será criar novos meios de ataque – categorias de drogas inteiramente novas. Nesse meio-tempo, outra fronteira da química é projetar moléculas que possam liberar essas drogas em partes específicas do corpo – apenas um aspecto da nova ciência da nanotecnologia.

> **"Esperamos que químicos orgânicos inovadores e entusiasmados não deixem passar a vantagem inicial única que os produtos naturais oferecem na busca por novos agentes e novas direções na descoberta medicinal."**
>
> Rebecca Wilson e Samuel Danishefsky, escrevendo na *Accounts of Chemical Research*

A ideia condensada: Rotas naturais e sintéticas para substâncias químicas que derrotam doenças

45 Nanotecnologia

Há apenas poucas décadas, um dos maiores cientistas do século XX surgiu com algumas ideias malucas a respeito de manipulação molecular e máquinas em miniatura. Em retrospectiva, não parecem nem meio malucas – parecem previsões acuradas do que a nanotecnologia tem a oferecer.

O físico Richard Feynman, um dos cientistas envolvidos no desenvolvimento da bomba atômica e na investigação do desastre do Space Shuttle Challenger, deu uma palestra famosa sobre o "problema de manipular e controlar coisas em pequena escala". Foi em 1959, e naquela época suas ideias pareciam tão exageradas que chegavam a ser fantásticas. Ele não usou o termo "nanotecnologia" – a palavra não existia até 1974, quando um engenheiro japonês a inventou –, mas falou a respeito de se movimentar em torno de átomos individuais, de construir nanomáquinas que funcionariam como minúsculos cirurgiões e de escrever uma enciclopédia na cabeça de um alfinete.

Poucas décadas depois dos voos de imaginação de Feynman, quanto disso se tornou realidade? Podemos, por exemplo, manipular átomos individuais? Certamente – em 1981, foi inventado o microscópio de tunelamento de varredura, concedendo aos cientistas uma primeira olhada no mundo dos átomos e das moléculas. Mais tarde, em 1989, Don Eigler, da IBM, percebeu que poderia usar a ponta de uma sonda na máquina para incitar os átomos, soletrando "IBM" com o uso de 35 átomos de xenônio. A essa altura, os nanocientistas também tinham outra potente ferramenta sob a forma do microscópio de força atômica, e Eric Drexler tinha escrito seu controverso livro a respeito da nanotecnologia, *Engines of Creation* (Máquinas de criação). A nanotecnologia tinha realmente chegado.

Novas marcas para coisas pequenas Hoje, milhares de produtos, de pós faciais a telefones, já contêm materiais de proporções nano. As aplicações potenciais cobrem todas as indústrias, de cuidados com a saúde a ener-

linha do tempo

1875	1959	1986	1986
Descoberta do ouro coloidal (nanoestruturado) "rubi"	Richard Feynman dá sua palestra "Há bastante espaço lá embaixo"	Invenção do microscópio de força atômica	Eric Drexler publica *Engines of Creation: the coming era of nanotechnology* (Máquin de criação: a futura era da nanotecnologia)

gia renovável e a construção. Mas as nanocoisas não são uma invenção humana. Coisas de nanotamanho já existem há mais tempo do que nós.

Nanopartículas são exatamente o que parecem – partículas muito pequenas, em geral consideradas como algo na escala de 1-100 nanômetros, ou 1-100 milionésimos de um milímetro. Isso está na escala de átomos e moléculas – uma escala com a qual os químicos deveriam estar bem confortáveis, já que passam a maior parte de seu tempo pensando em átomos e moléculas e em como eles se comportam em reações químicas. Na maior parte das substâncias, átomos se aglomeram em materiais "volumosos", mas um átomo de ouro em um grande fragmento de ouro, por exemplo, tem propriedades radicalmente diferentes de uma nanopartícula de ouro, que pode conter apenas alguns poucos átomos do metal. Podemos transformar ouro em nanopartículas de ouro no laboratório, mas há inúmeras substâncias que existem naturalmente em nanoproporções.

> **Não tenho medo de pensar na questão final de se, em última análise... podemos arrumar os átomos como quisermos; os próprios átomos, do início ao fim!**
>
> **Richard Feynman (1959)**

A descoberta de fulerenos (ver página 114) – bolas com um nanômetro de largura formadas por 60 átomos de carbono – é muitas vezes encarada como um marco na história da nanociência, mas essas moléculas são inteiramente naturais. Certo, você pode produzir fulerenos em laboratório, mas eles também se formam na fuligem de chamas de velas. Cientistas têm feito nanopartículas sem querer há séculos. Michael Faraday, químico do século XIX, fez experiências com coloides de ouro – usados para tingir janelas de vidro – sem saber que as partículas de ouro tinham tamanho nano. Isso só ficou aparente nos anos 1980, após a chegada da nanotecnologia.

Tamanho importa Não podemos supor que a nanotecnologia não seja uma novidade ou um tema empolgante, no entanto. E não podemos fingir que os materiais são todos a mesma coisa "só que menores", porque não são. Na nanoescala, as coisas não funcionam como no volume. Talvez, mais evidentemente, as partículas menores e materiais com características de tamanho nano tenham muito mais área superficial (por unidade de volume), o que é especialmente importante se você está tentando fazer química com eles. Ainda mais esquisito do que isso, as coisas não se parecem ou se com-

1989
Don Eigler manipula átomos individuais de xenônio para escrever "IBM"

1991
Descoberta dos nanotubos de carbono

2012
Anúncio do transistor feito de um único átomo de fósforo

Eletrônica de nanotubos

Nanotubos são minúsculos tubos de carbono incrivelmente fortes e que conseguem conduzir eletricidade. Eles podem substituir o silício em aplicações eletrônicas e têm sido usados para fazer transistores em circuitos integrados. Em 2013, pesquisadores da Universidade de Stanford construíram um computador simples com um processador feito de 178 transistores contendo nanotubos. A máquina só conseguia rodar dois programas ao mesmo tempo e tinha a potência computacional do primeiríssimo microprocessador da Intel. Uma dificuldade com o uso de nanotubos em transistores é que eles não são materiais semicondutores perfeitos – alguns formam nanotubos que "vazam" corrente. Uma equipe dos Estados Unidos descobriu que a inserção de nanopartículas de óxido de cobre nos nanotubos ajudava a melhorar suas propriedades de semicondução.

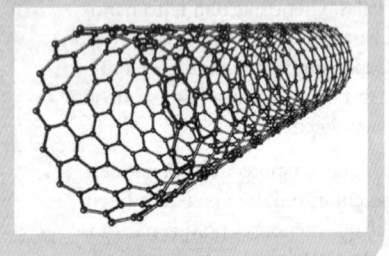

portam do mesmo modo. A cor das nanopartículas de ouro, por exemplo, depende do tamanho delas. Os coloides de ouro de Faraday não eram dourados. Eram vermelho-rubi.

Essa esquisitice pode ser útil – coloides de ouro têm sido usados desde a Antiguidade em janelas de vidro tingido –, mas pode também ser problemática. Nanopartículas de prata estão cada vez mais sendo usadas em curativos antimicrobianos, sem muito conhecimento a respeito de como as partículas minúsculas vão reagir no ambiente quando despejadas na rede de abastecimento de água. Qual será o impacto de quantidades crescentes dessas partículas?

Os reinos da fantasia Enquanto isso, cientistas continuam trabalhando de baixo para cima (ver página 102) para criar objetos e dispositivos de tamanho nano. Um reino infinito de possibilidades se estende à frente, não apenas de nanopartículas, mas também de nanomáquinas. Então máquinas minúsculas poderiam revolucionar a medicina como Feynman imaginou? "Seria interessante, na cirurgia, se você pudesse engolir o cirurgião", ele disse em sua palestra de 1959. "Você põe o cirurgião mecânico dentro do vaso sanguíneo e ele vai até o coração e dá uma olhada." O nanocirurgião de Feynman pode ainda não ser uma realidade, mas tampouco podemos reduzi-lo a uma fantasia. Pesquisadores já estão trabalhando em nanomáquinas condutoras de drogas, capazes de transportar sua carga até as células doentes ao mesmo tempo que evitam as saudáveis.

Mesmo assim, decerto não precisamos mergulhar nos reinos da ficção científica para encontrar usos no mundo real para a nanotecnologia. A Samsung já está incorporando materiais nanoestruturados nas telas eletrônicas de seus telefones. A nanotecnologia está criando melhores catalisadores para o processamento de combustíveis e redução de emissões de veículos. Filtros solares têm nanopartículas de dióxido de titânio há anos – apesar das preocupações recentes a respeito de sua segurança.

Então, que tal escrever uma enciclopédia inteira na cabeça de um alfinete? Sem problema. Em 1986, Thomas Newman, do Instituto de Tecnologia da Califórnia, gravou uma página de *A Tale of Two Cities*, de Charles Dickens, em um pedaço de plástico de seis milésimos de milímetro quadrado, tornando perfeitamente viável acomodar a Enciclopédia Britânica na cabeça de um alfinete com dois milímetros de largura.

Entrega de DNA

Materiais de construção em nanoescala podem ser naturais ou completamente elaborados pelo homem. Materiais naturais têm a vantagem de ser mais biocompatíveis – o corpo já os reconhece, de modo que é menos provável que os rejeite. É por isso que alguns cientistas vêm trabalhando em DNA como opção para a distribuição de drogas. Por exemplo, pesquisadores prenderam moléculas de droga em gaiolas de DNA, com "fechaduras" que abrem apenas com as "chaves" corretas – essas podem ser moléculas de reconhecimento na superfície de células cancerosas.

A ideia condensada: Coisa pequena, grande impacto

46 Grafeno

Quem podia imaginar que um pedaço de grafeno, bem como a grafite de um lápis, continha um supermaterial tão forte, tão fino, tão flexível e tão condutor de eletricidade que mataria de vergonha qualquer outro material no planeta? Quem poderia imaginar que extraí-lo seria tão fácil? E quem sabia que essa extração poderia mudar nossos telefones celulares para sempre?

Andre Geim, um dos ganhadores do Prêmio Nobel de Física de 2010, intitulou sua palestra do Nobel "Uma caminhada aleatória ao grafeno". Ele mesmo admitiu que estivera envolvido em muitos projetos fracassados ao longo dos anos, tendo havido algum grau de aleatoriedade naqueles que ele acabou perseguindo. Ao falar na Universidade de Estocolmo, Geim disse: "Houve mais ou menos duas dúzias de experimentos ao longo de um período de aproximadamente quinze anos, e, como esperado, a maior parte deles falhou miseravelmente. Mas houve três acertos: levitação, fita de lagartixa (Geckskin™) e grafeno". Das três, a levitação e a fita gecko parecem as mais interessantes, mas foi o grafeno que tomou o mundo científico de assalto.

O grafeno, muitas vezes apelidado de "supermaterial", é o primeiro e mais empolgante numa nova geração dos chamados "nanomateriais" – as únicas substâncias conhecidas que consistem de uma única camada de átomos. Feito inteiramente de carbono, é o material mais fino e mais leve no planeta, mas também o mais forte. Diz-se que uma folha com um metro quadrado de grafeno – com a espessura de um átomo de carbono, lembrem – poderia fazer uma rede forte e flexível o suficiente para aguentar um gato, apesar de seu peso ser mais o menos o do bigode do gato. Uma rede de grafeno para gatos poderia, além disso, ser transparente, dando a impressão de que o gato está pendurado no ar, e é melhor do que cobre na condução de eletricidade. Se você acredita na propaganda exagerada, o grafeno tornaria possível substituir baterias como "supercapacitores" com carga ultrarrápida, dando um

linha do tempo

1859	1962	1986
Benjamin Brodie descobre o "grafon", que agora sabemos ser o óxido de grafeno	Ulrich Hofmann e Hanns-Peter Boehm encontram fragmentos de óxido de grafeno sob um microscópio de transmissão eletrônica	Boehm introduz o termo "grafeno"

fim às preocupações com a bateria dos nossos celulares e permitindo que carregássemos nossos carros elétricos em minutos.

O futuro dos eletrônicos Ainda que Geim não possa alegar ter exatamente descoberto esse supermaterial – outros cientistas sabiam de sua existência e chegaram bastante perto de obtê-lo –, ele e seu colega Konstantin Novoselov, com quem dividiu o Nobel, encontraram um método confiável, se não comercialmente viável, de produzir grafeno a partir da grafite. Tudo o que fizeram foi pegar um pedaço de grafite (ver página 114) e usar um pouco de fita adesiva para desgarrar uma camada de grafeno de sua superfície. A grafite é o mesmo material que está dentro dos lápis e é basicamente uma pilha de centenas de milhares de folhas de grafeno com atrações bastante fracas entre as folhas. É possível arrancar algumas das folhas superiores apenas com fita adesiva. Geim e Novoselov não tinham percebido isso até que examinaram mais cuidadosamente um pouco de fita adesiva que tinham usado para limpar um pedaço de grafite.

Embora haja alguma discordância a respeito de quem realmente isolou o grafeno pela primeira vez, e quando, não há dúvida de que os artigos publicados pela dupla em 2004 e 2005 mudaram a cabeça de muitos cientistas a respeito do material. Até aí, alguns pesquisadores não acreditavam que uma folha com a espessura de um átomo de carbono pudesse ser estável. O estudo de 2005 passou a sondar as extraordinárias propriedades eletrônicas do grafeno, que desde então têm chamado bastante atenção. Tem havido muita conversa a respeito de transistores de grafeno e produtos eletrônicos flexíveis, inclusive telefones e células solares maleáveis.

Em 2012, dois pesquisadores da Universidade da Califórnia, em Los Angeles, anunciaram que tinham fabricado micro-supercapacitores usando grafeno – parecidos com baterias de longa duração mínimas, que carregam em segundos. O estudante de pós-graduação, Maher El-Kady, percebeu que podia fazer com que uma lâmpada ficasse acesa por pelo menos cinco minutos depois de carregá-la por apenas alguns segundos com um pedaço de grafeno.

> **"O grafeno tem estado literalmente diante dos nossos olhos e sob nosso nariz há muitos séculos, mas nunca foi reconhecido pelo que realmente é."**
> **Andre Geim**

1995
Thomas Ebbesen e Hidefumi Hiura imaginam produtos eletrônicos com base no grafeno

2004
Andre Geim e Konstantin Novoselov publicam um método de se obter grafeno a partir da grafite

2013
Maher El-Kady e Richard Kaner publicam um método para fabricar supercapacitores com base em grafeno usando um gravador de DVD

> ### Grafeno em raquetes de tênis
>
> Não se aplica apenas às propriedades eletrônicas – qualquer coisa que seja trezentas vezes mais forte do que o aço, ao mesmo tempo que pese menos de um miligrama por metro quadrado, tem de ter também outros usos. É supostamente por isso que, em 2013, o fabricante de equipamento esportivo HEAD anunciou que estava incorporando grafeno ao cabo de sua nova raquete de tênis. Essa raquete foi usada por Novak Djokovic pouco depois, quando venceu o Aberto da Austrália, naquele ano. Ninguém pode dizer se a vitória teve algo a ver com o grafeno, mas é uma boa maneira de se vender raquetes de tênis.

Ele e seu supervisor, Richard Kaner, logo descobriram um jeito de fabricar seus dispositivos usando o laser em um gravador de DVD e se focalizaram em ampliar seu processo de produção de modo que as minúsculas fontes de força pudessem ser incorporadas em qualquer coisa, de microchips a implantes médicos, como marcapassos.

Sanduíche de grafeno O grafeno é um condutor elétrico tão bom porque cada átomo de carbono em sua estrutura plana, semelhante a uma tela de galinheiro, contém um elétron livre. Esses elétrons livres disparam pela superfície, funcionando como carregadores de carga. Se existe um problema, é o grafeno, na verdade, ser condutivo demais. Os materiais semicondutores, como o silício (ver página 98), que os fabricantes de chips usam para fazer os chips dos computadores, são úteis porque conduzem eletricidade sob determinadas condições, mas não sob outras – a condutividade pode ser ligada e desligada. É por isso que os cientistas de materiais estão trabalhando em acrescentar impurezas ao grafeno, ou até o ensanduichando entre outros materiais superfinos, para criar materiais com propriedades elétricas mais ajustáveis.

O outro problema é que produzir grafeno em grande escala não é simples nem barato. Claro que não é prático ficar descascando o grafeno de pedaços de grafite. O ideal seria que os cientistas de materiais pudessem também ter acesso a folhas maiores. Um dos métodos de maior sucesso é a deposição por vapor químico, uma maneira de grudar átomos gasosos de carbono numa superfície para formar uma camada, mas esse caminho exige temperaturas extremamente altas. Outros métodos mais baratos foram testados, envolvendo liquidificadores de cozinha de tamanho industrial ou ultrassom para separar camadas do grafeno da massa do grafite.

Alguém mencionou levitação? Então, isso é o grafeno. E as outras experiências de Geim? Ele fez a água levitar quando, num capricho, a entornou no eletroímã de seu laboratório. Certa vez Geim chegou a fazer uma rãzinha levitar em uma bola de água. A fita gecko pretendia imitar a pele grudenta da pata de uma lagartixa, mas não funcionou tão bem como a pata de uma lagartixa de verdade, de modo que a ideia nunca decolou.

Estrutura de tela de galinheiro

A estrutura do grafeno é frequentemente associada a uma tela de galinheiro. Como na grafite, os átomos de carbono ficam numa única camada plana, unidos por ligações muito fortes, difíceis de se romper. Cada átomo de carbono é ligado a três outros átomos de carbono, formando um padrão repetido de hexágonos. Isso deixa um dos quatro elétrons em cada camada externa do átomo de carbono livre para "perambular". A estrutura de tela de galinheiro é o que dá ao grafeno a sua força, enquanto os elétrons livres dão ao material a sua condutividade. Um nanotubo de carbono (ver página 182) tem uma estrutura muito semelhante – como um pedaço de tela de galinheiro que foi enrolado em um cilindro. Como o grafeno tem a espessura de um átomo e é completamente plano, ele é considerado um material bidimensional, ao contrário de um tridimensional, que representa quase tudo mais. O fato de ele ser feito inteiramente de carbono, que é o quarto elemento mais comum na Terra, o torna muito atraente, porque é bem pouco provável que um dia venha a acabar.

A ideia condensada:
Supermaterial feito de carbono puro

47 Impressão em 3-D

Impressão não parece ser um assunto lá muito empolgante, mas isso é não levar em consideração as extraordinárias possibilidades da gravação em 3-D. De carros de plástico a orelhas biônicas feitas de hidrogéis, quase nada limita o potencial dessa nova tecnologia – engenheiros aeroespaciais estão até imprimindo partes metálicas para foguetes e aviões.

No século XX, fabricação significava produção em massa. Você projetava algo tendo em vista que ele iria, em média, servir mais ou menos para todo mundo, e depois você encontrava um modo de fabricar esse produto em vastas quantidades. Produção em massa de carros. Produção em massa de tortas de cereja. Produção em massa de chips de computadores.

Então, o que o século XXI nos reserva? Customização em massa – produtos de consumo sob demanda, talhados para satisfazer às necessidades individuais e entregues em massa. Não precisaremos mais nos contentar com produtos que satisfaçam a "pessoa média" (ninguém em particular). Você quer ajustar o assento do motorista do seu carro para fazer uma viagem realmente confortável sem ter de lidar com alavancas? A customização em massa vai permitir isso. A solução de como os fabricantes podem se adaptar para dar a cada um exatamente o que quer é a impressão em 3-D.

A promessa da impressão A impressão tem sido há muito tempo o domínio dos químicos. Há milhares de anos, as tintas de impressão eram feitas de materiais naturais e, em geral, continham o carbono como pigmento. Atualmente, as tintas de impressão são misturas complexas de substâncias químicas, incluindo pigmentos coloridos, resinas, agentes antiespumantes e espessantes. Enquanto isso, impressoras 3-D imprimem tudo, de plástico a metal. Algumas impressoras 3-D só podem imprimir um tipo de material –

linha do tempo

1986	1988	1990	1993
Charles Hull funda a 3-D Systems e ganha patente para estereolitografia	Primeiro "Stereolithography Apparatus", o SLA-250, comercializado pela 3-D Systems	Concedida a Scott Crump a patente da modelagem por deposição fundida	Pesquisadores do MIT são os primeiros a chamar seu dispositivo de "impressora 3-D"

como uma impressora preto e branco –, ao passo que outras combinam materiais diferentes no mesmo objeto, como uma impressora comum combina tintas de cores diferentes.

A característica que todas as técnicas de impressão em 3-D têm em comum é que elas constroem suas estruturas camada por camada, baseadas em informações num arquivo digital que dividem objetos tridimensionais em seções transversais bidimensionais. Programas CAD (computer-aided design, ou desenho assistido por computador) permitem que os designers de produtos criem desenhos complexos e os imprimam rapidamente, em vez de montá-los penosamente a partir de um zilhão de partes diferentes. O sonho supremo dos engenheiros aeroespaciais é conseguir imprimir um satélite. Mas algumas das estruturas já criadas por impressoras 3-D são realmente incríveis: orelhas biônicas, implantes de crânio (ver "Impressão 3-D de partes do corpo", página 193), componentes do motor de um foguete e nanomáquinas, sem falar de carros de demonstração em tamanho real.

> **"Imagine sua impressora como uma geladeira cheia de todos os ingredientes de que você pode precisar para preparar qualquer prato do novo livro de receitas de Jamie Oliver."**
>
> Lee Cronin

Tintas de impressão 3-D A impressão confiável de objetos como carros e motores de foguetes vai exigir progresso nas técnicas de impressão com metais. Esse é um campo que interessa ao pessoal da NASA, bem como ao da Agência Espacial Europeia, que instituiu um projeto chamado Amaze (assombro) para imprimir partes de foguetes e de aviões. As vantagens são um processo de produção mais verde, sem lixo, e a capacidade de imprimir partes metálicas muito mais complexas, porque podem ser construídas camada a camada.

O processo de impressão 3-D e a "tinta" vão depender da técnica. Existe já uma série de técnicas diferentes de impressão 3-D em desenvolvimento. O processo que mais se parece com a antiga impressão é a impressão 3-D por jato de tinta, que imprime pós e materiais aglutinantes em camadas alternadas para formar uma série diversa de materiais, inclusive plásticos e cerâmicas. A estereolitografia, por outro lado, usa um feixe de luz ultravioleta para

2001	2013	2014
Estruturas impressas em 3-D são criadas usando impressoras de jato de tinta	A NASA anuncia que vem testando um injetor de motor de foguete impresso em 3-D	Paciente com problema ósseo recebe implante de crânio impresso em 3-D

> ### Substâncias químicas para impressão
>
> Uma equipe da Universidade de Glasgow vem trabalhando na adaptação de impressoras 3-D para imprimir conjuntos de química em miniatura, nos quais eles podem injetar as "tintas" reagentes para fazer moléculas complexas. Um uso potencial desse sistema poderia ser a elaboração de medicamentos por demanda, e mais baratos, de acordo com instruções fornecidas pelo "software" de um programa elaborador de drogas.

ativar uma resina. O feixe desenha o projeto na resina, camada por camada, fazendo com que ela se solidifique na forma da estrutura intencionada. Em 2014, pesquisadores na Universidade da Califórnia, em San Diego, usaram essa abordagem para imprimir um dispositivo biocompatível feito a partir de hidrogéis que funciona como um fígado, e que consegue perceber e capturar toxinas no corpo.

Talvez a técnica de impressão 3-D mais amplamente usada, no entanto, seja a modelagem por deposição fundida, em que se montam camadas de materiais semifundidos. Plásticos são aquecidos à medida que são introduzidos no bico da impressora, direto do rolo. A companhia de engenharia alemã EDAG criou a estrutura para seu carro "Genesis", de aparência futurística, a partir de termoplástico, usando um processo de modelagem modificado de deposição fundida, e alegou que seria possível fazer o mesmo usando fibra de carbono para construir uma carroceria de automóvel ultraleve e ultraforte. Dado que a Boeing já fabrica seu Dreamliner de fibra de carbono, por que não um avião impresso em 3-D?

Redução da escala Do muito grande ao muito pequeno, a impressão 3-D está mudando o modo como projetamos e criamos. A microfabricação de dispositivos eletrônicos (ver página 98) é uma área muito promissora – já é possível imprimir circuitos eletrônicos e partes essenciais em microescalas em baterias de íon de lítio. Os entusiastas da eletrônica também têm o poder de rapidamente projetar e criar circuitos eletrônicos personalizados. O financiamento da Kickstarter permitiu que uma companhia, a Cartesiana, desenvolvesse uma impressora que dá ao usuário a possibilidade de imprimir circuitos em diferentes materiais, inclusive tecidos, para fazer eletrônicos usáveis.

Os nanotecnólogos já estão fazendo um levantamento de opções para nanomáquinas de impressão. Uma técnica usa a ponta de um microscópio de força atômica para imprimir moléculas numa superfície. Entretanto, é difícil controlar o fluxo de "tinta" nesse nível. Uma solução possível é a eletrofiação, um processo que gira um polímero carregado em uma superfície de impressão de carga oposta. Os padrões podem ser incorporados na superfície para controlar o ponto em que o material vai grudar.

Não é de se admirar que todo mundo esteja empolgado com impressão 3-D – as possibilidades de criação são infinitas. Do ponto de vista do consumidor,

Impressão 3-D de partes do corpo

Em setembro de 2014, um artigo no periódico *Applied Materials & Interfaces* relatou que uma equipe de químicos e engenheiros australianos tinha impresso cartilagem humana em 3-D a partir de materiais que a imitavam. Foram feitos de hidrogéis com alto conteúdo de água, reforçados com fibras plásticas. Os dois componentes foram impressos simultaneamente como tintas líquidas e depois "curados" com luz UV para que endurecessem. O resultado foi um compósito (ver página 170) duro, mas flexível, muito semelhante a uma cartilagem. Se você acha isso impressionante, obviamente não ouviu falar de pacientes que recentemente receberam implantes de crânio impressos em 3-D. Em 2014, o Centro Médico Universitário de Utrecht, na Holanda, anunciou que tinha usado impressão 3-D para substituir uma grande seção de crânio numa mulher cujo problema ósseo estava fazendo seu crânio engrossar, provocando dano cerebral. Um homem chinês que tinha perdido metade do crânio em um acidente numa obra recebeu uma nova versão impressa em 3-D feita de titânio. O processo significa que está ficando possível criar implantes projetados sob medida e ajustados para cada paciente.

há também benefícios óbvios: fim da produção em massa, um carro de fibra de carbono com assentos feitos sob medida e até reposição de partes do corpo perfeitamente combinadas.

A ideia condensada:
Criações customizadas, camada por camada

48 Músculos artificiais

Como se consegue obter uma quantidade colossal de força a partir de algo que parece bastante frágil? Pense nos ciclistas magros que você vê energicamente subindo montanhas francesas no Tour de France. Trata-se de proporção entre energia e peso. Mas como se pode fazer isso artificialmente? O campo da pesquisa sobre músculos artificiais já está produzindo materiais com as estatísticas mais impressionantes.

Se você já entabulou conversação com um ciclista minimamente respeitável, sabe que esses caras são malucos por suas estatísticas. Eles estão constantemente rastreando suas velocidades médias e somando suas distâncias e elevações; compartilham dados em aplicativos GPS e competem por recordes "KOMs" (*King of the Mountain*) em subidas de montanhas cronometradas. O principal de tudo, eles são obcecados por proporções de energia-peso. Qualquer ciclista que seja digno de sua bicicleta sabe que para vencer o Tour de France é preciso ter uma proporção de energia para peso de cerca de 6,7 Watts por quilo (W/kg).

Para o resto de nós, isso significa que você precisa pedalar como um absoluto demônio e ao mesmo tempo ser tão magro que pareça que vai cair da bicicleta numa lufada mais forte de vento. Bradley Wiggins, quatro vezes medalhista de ouro em Olimpíadas e vencedor do Tour de France em 2011, é um exemplo. Na época, Wiggins, leve como um elfo, pesava cerca de 70 quilos e conseguia desenvolver 460 Watts de energia. (Isso pode parecer impressionante, mas seriam necessários pelo menos dois Bradley Wiggins para dar energia suficiente a um secador de cabelo.) Isso significa que ele conseguia gerar 6,6 Watts de energia por cada quilo em seu corpo, o que lhe dava uma proporção energia-peso de 6,6 W/kg.

linha do tempo

1931	1957	2009
Descoberta do polietileno	O halterofilista Paul Anderson, de 163 quilos, ergue 2.844 quilos pelas costas	É criado gel de músculo que "anda" sem auxílio, usando reação química

Energia-peso Existe um tipo de obsessão parecido com a proporção energia-peso na indústria automobilística – um Porsche 911 de 2007 podia despender cerca de 271 W/kg – e também no campo científico de músculos artificiais. Durante décadas, cientistas dos materiais vêm tentando criar materiais e dispositivos que possam se contrair como o músculo humano, mas de preferências a proporções de energia-peso muito altas. Isso abre a fascinante possibilidade de se criarem robôs superpoderosos que conseguem fazer caretas.

> **"Embora o gel seja inteiramente composto de polímero sintético, ele demonstra movimentação autônoma, como se estivesse vivo."**
>
> Shingo Maeda e colegas, escrevendo no International Journal of Molecular Sciences (2010)

Com a tecnologia atual, um robô que pudesse erguer pesos realmente pesados, ou, digamos, subir uma montanha pedalando em velocidade próxima à do som, precisaria ser bastante volumoso para conseguir produzir energia suficiente. O ideal seria um robô que não ocupasse muito espaço e produzisse uma enorme quantidade de energia. (E já que se deu todo esse trabalho de criar um robô e fazer músculos para ele, você poderia muito bem usar alguns músculos para dar ao seu robô um sorriso ou uma careta!)

Encolher e crescer A próxima pergunta, claro, é como são feitos músculos minúsculos e superpotentes. Previsivelmente, não é fácil. Primeiro, é preciso encontrar um material que possa se expandir e se contrair rapidamente, como um músculo de verdade – precisa também ser mais forte do que o aço, sem ser rígido demais. Então você tem de encontrar uma maneira de fornecer energia para esse material. A coisa boa a respeito de Bradley Wiggins é que os músculos das pernas dele já estão repletos de células produtoras de energia química, que ele abastece com combustível e oxigênio apenas comendo e respirando. Entretanto, esse sistema maravilhoso não funciona para um robô.

A maior parte dos músculos artificiais – também chamados atuadores – tem polímeros como base. No campo dos polímeros eletroativos, os cientistas estão trabalhando com materiais macios, que mudam de forma e tamanho quando conectados a uma corrente elétrica. Silicone e materiais acrílicos

2011	2012	2014
A proporção energia-peso de Bradley Wiggins é de 6,6 W/kg	Músculos artificiais são feitos de "fios" de nanotubos	Músculos de polietileno têm proporção energia-peso de 5.300 W/kg

Força de polietileno

Os músculos artificiais criados pelo químico Ray Baughman e sua equipe em 2014 eram feitos de quatro linhas de pesca de polietileno enroscadas para formar um fio de 0,8 milímetros de espessura. Entretanto, com a contração, esse fio delgado – feito não de materiais futurísticos, mas de um polímero de cinco dólares o quilo descoberto oitenta anos antes – era capaz de erguer um peso equivalente ao de um cachorro de médio porte e se contrair à metade de seu comprimento. Como um feixe de linhas de pesca mal visível consegue erguer uma carga de 7 quilos? A resposta está na torção e depois no enrolamento do polietileno, que se transforma num material torcional e permite que o feixe suporte tensões muito maiores. Muitos músculos artificiais tomam sua energia da eletricidade, mas os fios de polietileno reagem à simples mudanças na temperatura. Para fazer com que eles se contraiam, você aplica calor, e à medida que esfriam, eles relaxam. Os "músculos" podem ser encerrados em tubos a fim de que possam ser esfriados rapidamente na água. O único problema é mudar a temperatura com agilidade suficiente para replicar os espasmos musculares ultrarrápidos.

conhecidos como elastômeros dão bons atuadores, e alguns já estão comercialmente disponíveis. Há também géis polímeros iônicos que se dilatam ou se retraem em resposta a uma corrente elétrica ou a uma mudança nas condições químicas. Qualquer músculo artificial precisa de uma fonte de energia, mas esses materiais que dependem de eletricidade algumas vezes precisam de um suprimento constante de força para mantê-los em contração.

Em 2009, no entanto, pesquisadores japoneses fizeram uma porção de gel polímero "andar" sem ajuda, usando nada além de química – uma reação química clássica chamada reação de Belousov-Zhabotinsky. Nessa reação, a quantidade de íons de bipiridina de rutênio oscila constantemente, afetando os polímeros ao fazê-los se retrair ou se expandir. Numa fita de gel curva, isso se traduz em movimento autônomo – como os próprios pesquisadores escreveram, "como se estivesse vivo". Qual uma lagarta que se arrasta lentamente pela superfície, o movimento não era muito rápido, mas extremamente hipnotizante de se olhar.

Faça a torção Materiais mais avançados – e muito mais caros – têm sido feitos usando-se nanotubos de carbono (ver página 182). Nos últimos anos, esses materiais começaram a se aproximar do auge da superforça, da supervelocidade e da superleveza que iriam muito francamente envergonhar Wiggins. Em 2012, uma equipe internacional, inclusive pesquisadores do NanoTech Institute na Universidade do Texas, em Dallas, anunciaram que tinham feito músculos artificiais usando nanotubos de carbono torcidos para fazer um fio e depois encheram com cera. Esses fios de nanotubos conseguiam erguer 100 mil vezes o próprio peso, contraindo-se em 25 milésimos de segundo quando ligados a uma corrente. Esses números de desempenho enlouquecedores para um fio cheio de cera dão uma proporção energia-peso fenomenal de 4.200 W/kg. Isso são muitas ordens de magnitude acima da densidade de energia do tecido muscular humano.

Nanotubos são alguns dos materiais mais resistentes conhecidos pela humanidade, mas a muitos milhares de dólares o quilo, são também muito caros. Convencidos de que poderiam fazê-los com um orçamento mais apertado, os pesquisadores voltaram à prancheta. Dois anos mais tarde, eles anunciaram que tinham repetido o feito usando linhas de pesca de polietileno enroladas (ver "Força de polietileno", na página anterior). Os músculos artificiais baratos feitos por eles absorviam energia do calor e eram capazes de erguer um peso de 7,2 quilos apesar de terem menos de um milímetro de espessura. A densidade de energia desse dispositivo Heath Robinson eram incríveis 5.300 W/kg. Toma essa, Bradley Wiggins!

> **Não apenas para robôs**
>
> Fora as expressões faciais para robôs (e elevação de pesos pesados), o que mais você pode fazer com músculos artificiais? Outras ideias incluem exoesqueletos humanos, controle preciso de microcirurgia, posicionamento de células solares e roupas com poros que se retraem e se expandem dependendo do clima. Usando músculos trançados de polímeros que se contraem ou relaxam em reação a mudanças na temperatura, pode ser possível fabricar tecidos que literalmente respirem. Conceitos semelhantes estão por trás de projetos para persianas ou venezianas que abrem sozinhas.

A ideia condensada: Materiais que funcionam como músculos de verdade

49 Biologia sintética

Progressos na síntese química do DNA significam que os cientistas podem agora unir genomas desenhados por eles próprios para criar organismos que não existem na natureza. Parece um tanto ambicioso, não é? Mas a construção de organismos sintéticos de baixo para cima poderá um dia ser tão simples quanto assentar tijolos numa construção.

Biólogos sintéticos não seguem receitas. Mas em vez de improvisar na cozinha, como você pode fazer ao preparar um chili com carne, eles improvisam no laboratório com a própria vida. Embora, até agora, suas criações tenham se mantido fiéis ao livro de receitas da natureza, eles podem ter planos ambiciosos. No futuro, eles planejam criar o equivalente sintético-biológico do chili com carne feito com carne de crocodilo e edamame (soja verde) – não o que você ou eu reconheceríamos como chili.

> "Vamos conseguir escrever o DNA. O que queremos dizer?"
>
> **Drew Endy,** biólogo sintético

Reinvenção da natureza O campo incipiente da biologia sintética cresceu a partir do desejo dos biólogos de melhorar a natureza fazendo uma edição dos genomas de organismos vivos. Tudo começou com a engenharia genética – uma técnica que se provou realmente útil em estudos com animais que buscavam entender o papel de determinados genes em doenças. Agora, junto com os avanços no sequenciamento e na síntese do DNA, esse campo progrediu para projetos que abrangem genomas inteiros.

Enquanto a engenharia genética tradicional talvez possa mudar um único gene para estudar o efeito que ele teria em um animal, planta ou bactéria, a biologia sintética poderá editar milhares de "letras" (bases) do código do

linha do tempo

1983	1996	2003	2004
Foi desenvolvido o PCR – novo processo químico rápido para a sintetização do DNA	Mapeado o genoma do levedo	Criação do Registro de Partes Biológicas Padrão	Primeiro encontro internacional de biologia sintética no MIT

DNA e introduzir genes codificando vias metabólicas inteiras para moléculas que um organismo jamais produziu antes. Um dos primeiros projetos saudados como um triunfo para a biologia sintética foi a reengenharia do levedo para produzir uma substância química precursora da droga antimalária, a artemisina. A companhia farmacêutica francesa Sanofi finalmente iniciou a produção de sua versão semissintética da droga em 2013, com o objetivo de efetuar até 150 milhões de tratamentos em 2014. Mesmo assim, alguns cientistas preferiram encarar isso como um projeto sofisticado de engenharia genética envolvendo apenas um punhado de genes – impressionante, mas longe de um redesenho no nível "crocodilo e edamame".

Fazer DNA desde o início

Um dos progressos na síntese do DNA que levou a grande redução no custo foi o desenvolvimento de um processo químico sintético que usa moléculas chamadas monômeros de fosforamidita. Cada monômero é um nucleotídeo (ver "DNA", página 142) como no DNA comum, só que eles têm cápsulas sobre seus pedaços reativos. Essas cápsulas químicas só são removidas (desproteção) com o uso de ácido logo antes de um nucleotídeo ser acrescentado às crescentes cadeias de DNA. O primeiro nucleotídeo, que transporta a base correta (A,T,C ou G), é ancorado numa conta de vidro. Novos nucleotídeos são então acrescentados em ciclos de desproteção e pareamento para que se crie o código desejado. Na maior parte dos casos, só são sintetizadas extensões curtas. Muitos segmentos curtos são então unidos. É claro, no caso do biólogo sintético, o código pode não pertencer a nenhum organismo natural – pode ser completamente projetado por ele. A química da fosforamidita atualmente domina a indústria da síntese de DNA, e espera-se que reduções realmente significativas na velocidade e no custo das sínteses agora exijam um novo tipo de química. Outras rotas químicas são possíveis, mas nenhuma se tornou comercial até agora.

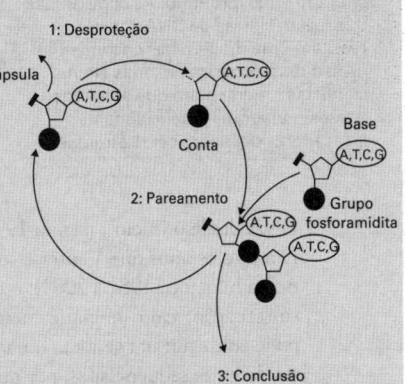

1: Desproteção
Cápsula
(A,T,C,G)
(A,T,C,G)
Conta
Base
(A,T,C,G)
2: Pareamento
(A,T,C,G)
Grupo fosforamidita
(A,T,C,G)
3: Conclusão

2006	2010	2013	2014
O preço para a sintetização do DNA cai abaixo de um dólar por base	A equipe de Craig Venter põe um genoma sintético dentro de uma célula	Lançamento da artemisina, droga antimalária semissintética feita dentro de levedo	Conclusão do primeiro cromossoma sintético para um organismo complexo (leucariótico) – levedo

> **Quebra-cabeça perigoso**
>
> Em 2006, repórteres no jornal *The Guardian* conseguiram comprar DNA de catapora on-line. O frasco que eles receberam pelo correio continha apenas um segmento do genoma da catapora, mas o jornal alegou que uma organização terrorista bem financiada precisaria apenas "encomendar extensões consecutivas de DNA ao longo da sequência e colá-las" para criar um vírus mortífero. As companhias que fazem síntese de DNA agora realizam uma triagem nas encomendas de sequências perigosas, mas alguns cientistas argumentam que amostras desses matadores potencialmente arrasadores deveriam ser destruídas.

Reembolso postal de DNA Enquanto isso, Craig Venter, geneticista famoso por seu envolvimento no sequenciamento do genoma humano, vem trabalhando num genoma completamente sintético. Em 2010, sua equipe no J. Craig Venter Institute anunciou que tinha montado o genoma – com algumas pequenas modificações – do parasita de caprinos *Myclopasma mycoides* e o colocado dentro de uma célula viva. Embora o genoma sintético de Venter seja basicamente uma cópia da coisa real, ele demonstrou a criação de vida usando apenas DNA feito sinteticamente.

Tudo isso só foi possível por causa dos progressos na "leitura e escrita" do DNA, que permitiram aos pesquisadores sequenciar e sintetizar quimicamente sequências de DNA (ver "Fazer DNA desde o início", página 199) de modo rápido e relativamente barato. Durante os anos que Venter e seus concorrentes estavam decifrando o genoma humano (1984 a 2003), o custo, tanto do sequenciamento quanto da sintetização, caiu dramaticamente. Por algumas estimativas, você agora pode conseguir um genoma humano completo, de mais de 3 milhões de pares de bases sequenciados, por mil dólares, e custa apenas dez centavos por base para fazer DNA.

Esses cortes nos preços têm dado aos biólogos sintéticos acesso às instruções para fazer muitos organismos que eles queriam remodificar, ou roubar, e lhes permitem testar seus projetos de novos organismos. Eles sequer precisam fazer o DNA; podem simplesmente enviar suas sequências para uma companhia especializada em sínteses e pedir que o DNA seja reencaminhado para eles pelo correio. Parece trapaça, mas, para voltar à analogia do chili com carne, equivale a comprar mistura pré-preparada de tempero para fazer a sua obra-prima mexicana, em vez de ter todo o trabalho de picar pimentas frescas e ralar sementes de cominho.

Partes biológicas padrão Outro modo pelo qual os biólogos sintéticos planejam cortar sua carga de trabalho é construindo uma base de dados que possa ser usada para montar organismos sintéticos. Isso já está em desenvolvimento desde 2003 sob a forma de Registro de Partes Biológicas Padrão. Menos macabro do que parece, o registro é uma coleção de milhares de sequências genéticas "testadas por usuários" compartilhada pela comunidade da biologia sintética. A ideia é tornar compatíveis partes com funções conhecidas que se encaixam, como tijolos de construção, para criar organismos funcionais desde o início. Um desses tijolos pode codificar para um pigmento colorido, por exemplo, enquanto outro pode codificar para um interruptor mestre que ativa uma série de enzimas quando uma substância química específica é percebida.

O objetivo supremo da biologia sintética é conseguir montar os genomas de organismos projetados pelo homem, capazes de produzir drogas novas, biocombustíveis, ingredientes alimentícios e outras substâncias químicas úteis. Antes de nos precipitarmos, no entanto, vale notar que estamos a uma grande distância de conseguir fazer, digamos, crocodilos sintéticos para seu chili de crocodilo. No que diz respeito a organismos mais complexos, o mais longe que fomos são os fungos.

Embora você possa não achar que o levedo de cerveja seja particularmente avançado num nível celular, temos mais em comum com levedo do que com bactérias. O projeto Sc2.o tem como alvo construir uma versão redesenhada, sintética, do levedo *Saccharomyces cerevisiae* (ver página 58), cromossomo por cromossomo. Adotando uma abordagem "retire coisas até quebrar", a equipe internacional vem tentando simplificar o genoma ao remover todos os genes não essenciais e depois inserir pequenos pedaços de seus códigos sintéticos no levedo natural para ver se funciona. Até agora só terminaram um cromossomo. Os resultados podem ser desastrosos (pelo menos para o levedo) ou reveladores, mas a equipe espera descobrir exatamente o que é preciso para fazer um organismo vivo.

A ideia condensada:
Redesenhando a vida

50 Combustíveis futuros

O que vai acontecer quando acabarem os combustíveis fósseis? Vamos ter de energizar tudo com painéis solares e turbinas eólicas? Não necessariamente. Os químicos estão trabalhando em novos meios para fazer combustíveis que não bombeiem dióxido de carbono na atmosfera. A parte difícil será fazê-los sem consumir ainda mais os preciosos recursos da Terra.

Dois dos maiores desafios tecnológicos que o mundo encara hoje são relacionados com combustíveis. Um: os combustíveis fósseis estão acabando. Dois: a queima de combustíveis fósseis está enchendo a atmosfera de gases de efeito estufa, mudando a própria natureza do nosso planeta para pior. A solução parece cegamente óbvia: parar de usar combustíveis fósseis.

Reduzir a nossa dependência de combustíveis fósseis significa encontrar outra maneira de energizar o planeta. Embora as energias solar e eólica possam dar grandes contribuições para a nossa necessidade de energia, elas não são combustíveis – você pode distribuir energia para a rede elétrica nacional, mas você não pode bombeá-la para o seu carro e sair dirigindo com ela. É aqui que os combustíveis fósseis têm vantagem: a energia é armazenada sob forma líquida, química.

Mas os veículos elétricos já não vêm resolvendo esse problema? Por que não podemos simplesmente carregá-los usando energia solar da rede? Atualmente, os combustíveis fósseis são um modo muito mais eficiente de se transportar energia. Você pode atulhar mais energia por unidade de peso em produtos de petróleo, o que os torna uma fonte de energia incontestável para veículos, como aviões. A não ser que haja progressos significativos e drásticas reduções de peso na tecnologia de baterias, podemos construir todas as usinas solares e turbinas eólicas que quisermos, mas ainda assim vamos precisar de

linha do tempo

1800	1842	1820s
Descoberta da eletrólise da água para produzir hidrogênio e água	Matthias Schleiden propõe que a fotossíntese divide a água	O processo Fischer-Tropsch é desenvolvido para fazer combustíveis a partir de hidrogênio e monóxido de carbono

combustíveis. Além disso, nossos sistemas de energia já são baseados em combustível, significando que se pudéssemos desenvolver alternativas produzidas de maneira limpa, eles poderiam não exigir tal revisão.

Folhas artificiais

As folhas artificiais, ou "separadoras de água", tendem a ter suas bases em um esquema geral que lida separadamente com cada metade da reação de divisão de água. Há um eletrodo de cada lado e os dois lados são separados por uma membrana fina que impede a maior parte das moléculas de se mover através dela. Os eletrodos de ambos os lados são feitos de um material semicondutor que, assim como o silício numa célula solar, absorve a energia na luz. De um lado, o catalisador revestido no eletrodo puxa o oxigênio da água; do outro lado, outro catalisador gera o importante hidrogênio ao unir os íons de hidrogênio com os elétrons. Já foram usados como catalisadores alguns dispositivos com metais raros e caros, como a platina, mas o objetivo é encontrar materiais mais baratos, que sejam mais sustentáveis no longo prazo. Abordagens de altas taxas de transferência que fazem a triagem de milhões de catalisadores em potencial estão sendo empregadas na tentativa de buscar os melhores materiais. Os químicos têm de levar em consideração não apenas as capacidades catalíticas das substâncias, mas também a durabilidade, o custo e a disponibilidade dos materiais necessários para a fabricação de folhas artificiais. Alguns pesquisadores estão até modelando seus catalisadores em moléculas orgânicas usadas pelas plantas na fotossíntese real.

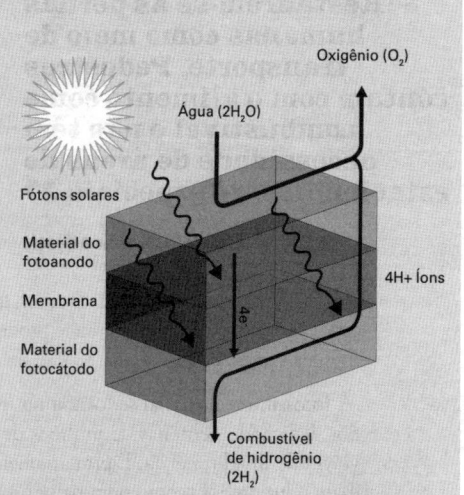

Labels da figura: Oxigênio (O_2); Água ($2H_2O$); Fótons solares; Material do fotoanodo; Membrana; Material do fotocátodo; 4H+ Íons; Combustível de hidrogênio ($2H_2$)

Dor de cabeça de hidrogênio Uma solução em potencial pode estar no menor e mais simples elemento no topo da Tabela Periódica: o hidrogênio. Já usado como combustível de foguete, parece ser a solução perfeita.

1998
A folha artificial instável é criada por cientistas no National Renewable Energy Laboratory

2011
Anunciada a folha artificial de baixa potência, custando menos de 50 dólares para ser produzida

2014
O projeto Solar-Jet demonstra o processo empregado para fazer combustíveis de jatos com dióxido de carbono, água e luz

Em um carro movido a hidrogênio, este reagiria com o oxigênio dentro de uma célula de combustível para liberar energia e produzir água. É limpo e sem um átomo de carbono à vista. Mas onde se consegue um suprimento infinito de hidrogênio e como o seu carro pode transportá-lo em segurança? É só haver um pouquinho de oxigênio e uma fagulha para ocasionar uma explosão realmente grande.

> **"Restaurem-se as pernas humanas como meio de transporte. Pedestres contam com o alimento como combustível e não têm necessidade de áreas de estacionamento especiais."**
> Lewis Mumford, historiador e filósofo

O primeiro desafio dos químicos é encontrar uma fonte infinita de hidrogênio. William Nicholson e Anthony Carlisle fizeram hidrogênio nos anos 1800 enfiando os fios de uma bateria primitiva num tubo de água (ver página 94). De fato, essa "divisão" da água é o que as plantas fazem na fotossíntese. E como fazem isso muitas vezes, os químicos estão tentando copiar a natureza e produzir folhas artificiais (ver "Folhas artificiais", página 203).

A fotossíntese artificial se tornou um projeto científico épico, com governos dedicando centenas de milhões de dólares para tentar criar um meio viável de dividir a água. É primariamente uma caça por materiais que colham a luz do Sol (como num painel solar) e por materiais que catalisem a produção de hidrogênio e oxigênio. O foco agora está em encontrar materiais comuns que não custem uma exorbitância ou degradem depois de poucos dias.

Problema antigo, solução nova Supondo que estaremos aptos a fazer isso na prática, poderíamos até usar o hidrogênio para fazer combustíveis mais tradicionais. No processo Fischer-Tropsch, uma mistura de hidrogênio e monóxido de carbono (CO), também conhecida como syngas, é usada para fazer combustíveis de hidrocarbonetos (ver página 66). Isso eliminaria a ideia de ter de criar uma infraestrutura inteiramente nova de postos de abastecimento de hidrogênio.

Mas você pode fazer syngas também de outro jeito: aquecendo dióxido de carbono e água a 2.200 °C, os dois compostos se separam em hidrogênio, monóxido de carbono e oxigênio.

Há alguns problemas com essa abordagem: primeiro, é necessária muita energia para alcançar temperaturas tão altas; segundo, o oxigênio implica sério risco de explosão se chegar perto do hidrogênio. Alguns dos últimos dispositivos práticos de divisão da água enfrentam o mesmo problema, porque eles não separam o oxigênio e o hidrogênio que são produzidos nas reações de separação da água.

Em 2014, entretanto, químicos trabalhando no projeto europeu Solar-Jet fizeram uma coisa impressionante. Eles transformaram syngas em combustível de jato via processo Fischer-Tropsch. Embora tenham feito apenas uma quantidade muito pequena, simbolicamente isso representou um marco, porque eles o fizeram usando um "simulador solar" – alguma coisa simulando um concentrador solar. Concentradores solares são espelhos gigantescos, curvos, que focalizam a luz em um único ponto para gerar temperaturas muito altas. Os pesquisadores usaram esse calor derivado da energia solar para criar syngas, superando assim o problema da energia, e utilizaram um material que absorve oxigênio – óxido de cério – para lidar com o risco de explosão.

Então, em certo sentido, os químicos resolveram o problema. Eles já podem fabricar combustíveis limpos, e até combustível para jatos, usando o suprimento infinito de energia da luz solar. Não será, no entanto, uma viagem tranquila a partir daqui. A parte difícil, como é muitas vezes o caso, será fazer isso de modo confiável, barato e sem usar todos os recursos naturais do mundo no processo. Hoje, a química inteligente não é fazer apenas o que você precisa; é encontrar uma maneira que lhe permita fazer isso sempre.

> **Escravos hidrogênio**
>
> Uma ideia para produzir hidrogênio é explorar algas verdes, ou plantas, para que façam fotossíntese para a gente. Algumas algas dividem a água, produzindo oxigênio, íons de hidrogênio e elétrons, e depois usam enzimas chamadas hidrogenases para colar os íons de hidrogênio com os elétrons, produzindo gás hidrogênio (H_2). Pode ser possível redirecionar algumas das reações nessas algas, por engenharia genética, a fim de obrigá-las a fabricar mais hidrogênio. Cientistas já identificaram alguns dos genes mais importantes.

A ideia condensada:
Energia limpa, transportável

A Tabela Periódica

Os elementos na Tabela Periódica estão arrumados numa ordem crescente de número atômico, e também pelas tendências recorrentes em suas propriedades químicas. Eles caem naturalmente em colunas verticais que compartilham de propriedades químicas semelhantes, e carreiras horizontais (períodos), com massa em geral crescente.

	1	2	3	4	5	6	7	8	9
1	1.0 **H** 1 Hidrogênio								
2	6.9 **Li** 3 Lítio	9.0 **Be** 4 Berílio							
3	23.0 **Na** 11 Sódio	24.3 **Mg** 12 Magnésio							
4	39.1 **K** 19 Potássio	40.1 **Ca** 20 Cálcio	45.0 **Sc** 21 Escândio	47.9 **Ti** 22 Titânio	50.9 **V** 23 Vanádio	52.0 **Cr** 24 Crômio	54.9 **Mn** 25 Manganês	55.8 **Fe** 26 Ferro	58.9 **Co** 27 Cobalto
5	85.5 **Rb** 37 Rubídio	87.6 **Sr** 38 Estrôncio	88.9 **Y** 39 Ítrio	91.2 **Zr** 40 Zircônio	92.9 **Nb** 41 Nióbio	96.0 **Mo** 42 Molibidênio	(98) **Tc** 43 Tecnécio	101.1 **Ru** 44 Rutênio	102.9 **Rh** 45 Ródio
6	132.9 **Cs** 55 Césio	137.3 **Ba** 56 Bário	† Lantanídeos	178.5 **Hf** 72 Háfnio	180.9 **Ta** 73 Tântalo	183.8 **W** 74 Tungstênio	186.2 **Re** 75 Rênio	190.2 **Os** 76 Ósmio	192.2 **Ir** 77 Irídio
7	(223) **Fr** 87 Frâncio	(226) **Ra** 88 Rádio	‡ Actinídeos	(261) **Rf** 104 Rutherfódio	(262) **Db** 105 Dúbnio	(266) **Sg** 106 Seabórgio	(264) **Bh** 107 Bóhrio	(277) **Hs** 108 Hássio	(268) **Mt** 109 Meitnério

† Lantanídeos	138.9 **La** 57 Lantânio	140.1 **Ce** 58 Cério	140.9 **Pr** 59 Praseodímio	144.2 **Nd** 60 Neodímio	(145) **Pm** 61 Promécio	150.4 **Sm** 62 Samário	152.0 **Eu** 63 Európio
‡ Actinídeos	(227) **Ac** 89 Actínio	232.0 **Th** 90 Tório	231.0 **Pa** 91 Protactínio	238.0 **U** 92 Urânio	(237) **Np** 93 Netúnio	(244) **Pu** 94 Plutônio	(243) **Am** 95 Amerício

A Tabela Periódica | 207

					58.9 27 **Co** Cobalto												18 4.0 2 **He** Hélio
											13	14	15	16	17		
											10.8 5 **B** Boro	12.0 6 **C** Carbono	14.0 7 **N** Nitrogênio	16.0 8 **O** Oxigênio	19.0 9 **F** Flúor	20.2 10 **Ne** Neônio	
											27.0 13 **Al** Alumínio	28.1 14 **Si** Silício	31.0 15 **P** Fósforo	32.1 16 **S** Enxofre	35.5 17 **Cl** Cloro	39.9 18 **Ar** Argônio	
								10	11	12							
58.7 28 **Ni** Níquel	63.5 29 **Cu** Cobre	65.4 30 **Zn** Zinco	69.7 31 **Ga** Gálio	72.6 32 **Ge** Germânio	74.9 33 **As** Arsênio	79.0 34 **Se** Selênio	80.0 35 **Br** Bromo	83.8 36 **Kr** Criptônio									
106.4 46 **Pd** Paládio	107.9 47 **Ag** Prata	112.4 48 **Cd** Cádio	114.8 49 **In** Índio	118.7 50 **Sn** Estanho	121.8 51 **Sb** Antimônio	127.6 52 **Te** Telúrio	126.9 53 **I** Iodo	131.3 54 **Xe** Xenônio									
195.1 78 **Pt** Platina	197.0 79 **Au** Ouro	200.6 80 **Hg** Mercúrio	204.4 81 **Tl** Tálio	207.2 82 **Pb** Chumbo	209.0 83 **Bi** Bismuto	(210) 84 **Po** Polônio	(210) 85 **At** Astato	(220) 86 **Rn** Randônio									
(271) 110 **Ds** Darmstádio	(272) 111 **Rg** Roentgênio	(285) 112 **Cn** Copernício	(284) 113 **Nh** Nihônio	(289) 114 **Fl** Fleróvio	(288) 115 **Mc** Moscóvio	(292) 116 **Lv** Livermório	(294) 117 **Ts** Tenessino	(294) 118 **Og** Oganessônio									

157.3 64 **Gd** Gadolínio	158.9 65 **Tb** Térbio	162.5 66 **Dy** Disprósio	164.9 67 **Ho** Hólmio	167.3 68 **Er** Érbio	168.9 69 **Tm** Túlio	173.0 70 **Yb** Itérbio	175.0 71 **Lu** Lutécio
(247) 96 **Cm** Cúrio	(247) 97 **Bk** Berquélio	(251) 98 **Cf** Califórnio	(252) 99 **Es** Einstênio	(257) 100 **Fm** Férmio	(258) 101 **Md** Mendelévio	(259) 102 **No** Nobélio	(262) 103 **Lr** Laurêncio

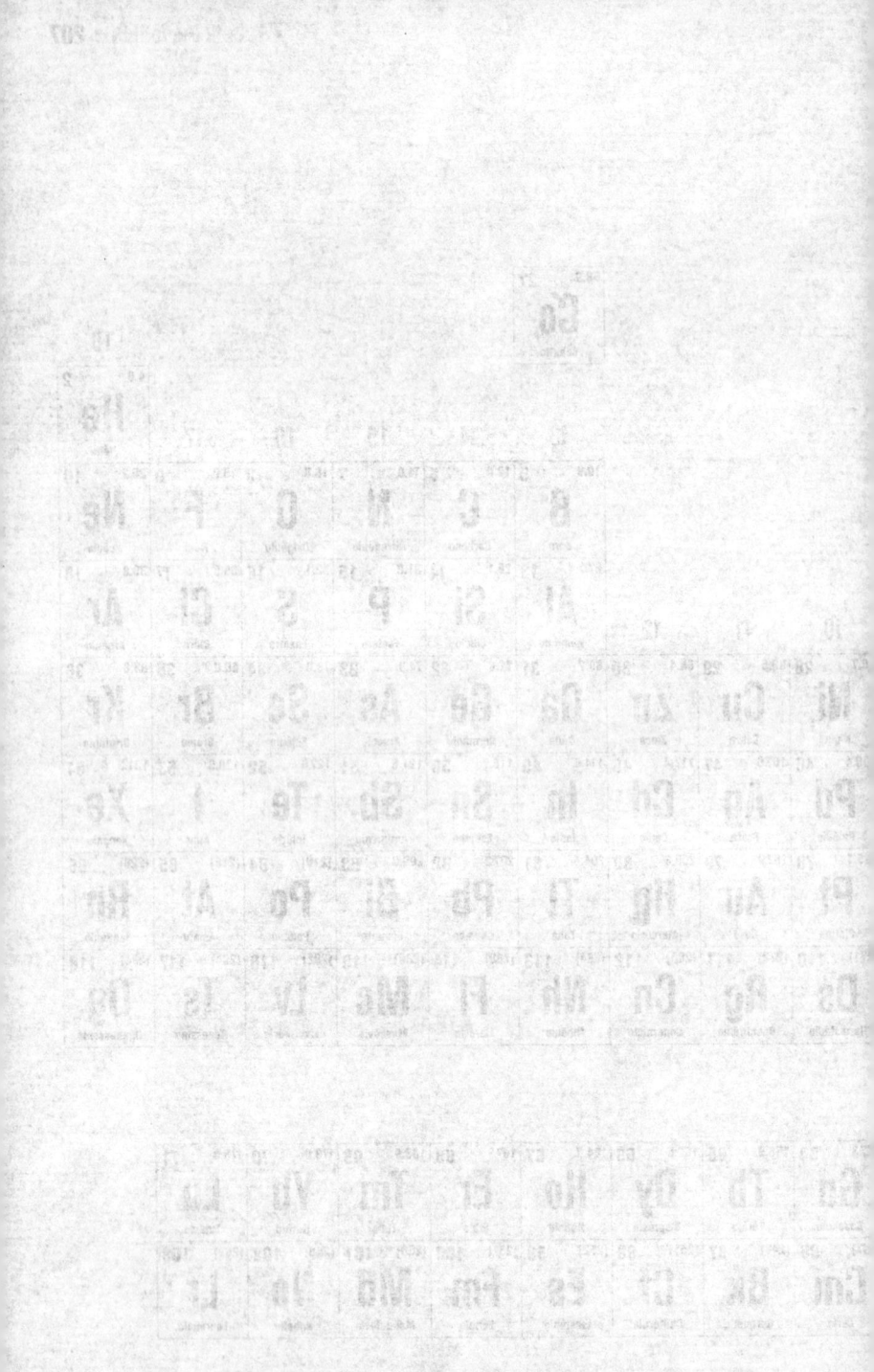

Índice

A

ácidos 20, 39, 46-9, 109, 144-5, 147
ácido lático, bactérias 60-1
açúcares 134, 138-41
agentes redutores 57
água 19, 20, 23-7, 118-21
  e mudança climática 119
  e equilíbrio 41
  essencialidade da 118-9
  pesada 14
  em Marte 128
  novas fases da 29
  separação da 39, 94-5, 203-4
álcool 58-61, 163
aminoácidos 75-7, 84 , 123, 128, 130--3, 135, 144
amônia 23, 35, 39, 48, 70-4, 120, 123, 166
Anastas, Paul 78, 80-1
antibióticos 146–8
anticorpos 103, 106, 109, 130, 132-3
Apollo, missões 38-40, 170-3
aramideos 170-2
Arrhenius, Svante 47-9, 114, 116,
artemisina 147-9, 199
artificial, folhas 203-4
artificial, músculos 196-7
astroquímica 126-9
Aterrissagem na Lua (1969) 39
átomo, economia 81
átomos 5-9, 11-6, 19, 20-6, 32, 34-7, 46-7, 52, 54-5, 60, 63-4, 74, 76, 81, 86, 88, 90-2, 96, 100, 111, 114-7, 120, 128, 130-2, 134, 139, 160, 167, 179, 182-3, 186-9, 204
automontagem 102-5
Avcoat 170-3

B

B12, vitamina 50, 52, 91-3, 115,
Bacon, Roger 170, 172

bactéria 61, 72, 91, 103, 115, 122, 125, 144, 146, 148-9, 156-7, 164-5
Bartlett, Neil 18-20
bases 47-8
bateria 57, 94-6
Baughman, Ray 196
Becquerel, Alexandre-Edmond 174-5
Belousov-Zhabotinsky reação 196
benzeno 159-60
bioplásticos 164-5
biopolímeros 20-1
biossíntese 67, 146-9, 179
Bosch, Carl 72
Brand, Hennig 10-1
Buchner, Eduard 59

C

camada de ozônio, buraco 166-9
Canais iônicos 155, 157
Canivetes suíços 104
"Cão que late" demonstração 34-6
carapaça de tartaruga 163
carbono, 'cão que late' 35-6
carbono, fibra 116, 170, 172-3, 192-3
carbono, nanotubos 116, 183-4, 189, 190
carbono-7-8, 16-7, 19, 21, 35-6, 52, 60, 114-6
Carlisle, Anthony 94, 96, 204
carros 50, 62, 159-61, 172, 187, 190-1
catalisadores 39, 50-3, 59, 63, 80, 115, 127, 132, 134, 140, 161, 164, 184, 203
catalíticos, conversores 50-1, 160-1
células 34
CFCs 166-8
Chadwick, James 15
chip(s)
  laboratório num 106-9
  elaboração 98-101, 103, 175, 188, 190

silício 98, 100-1, 174-5
Cidade Perdida, teoria 123-5
cloro 10, 19, 22, 46, 48, 69, 94-7, 166-8
chocolate 26–9
cianobactéria 150-1
citrulinemia 87
cobalto 50, 52-3, 115
código genético 122, 138, 144-5
cólera 97
compósitos 170-3
compostos 18-22
computacional, química 110-3
Combustíveis
  futuros 202-5
  jato 62, 64
  foguete 39-40
  sintético 67
craqueamento 62-5, 69, 159, 163
Crick, Francis 142-5
cristalografia 52, 90-3, 132, 157, 181
cromatografia 82-4

D
Dalton, John 7
Davy, Humphry 46-8, 94, 96
Derick, Lincoln 98-9, 100-1
dessalinização, mais verde 79
diabetes 61, 140
diamantes 116-7
Diamond Light Source 90
dióxido de carbono 17, 23, 27 , 36, 40--1, 51, 59-60, 64, 115-8, 138, 140, 151-2, 159-60, 169, 202-4
DNA 20, 68, 83-5, 103-4, 106-9, 114, 112, 124, 131-2, 137-9, 142-6, 185, 198-9, 200
doping 100-1
drogas 75-7, 178-81

E
Eigler, Don 182
El-Kady, Maher 187-8
elastano (spandex) 66-8

eletricidade 97
eletroquímica 46, 95-6
eletrólise 94-7
eletrônica 116, 184, 188
elétrons 6-8, 12, 16, , 22-5, 27, 54-7, 92, 96
eletroforese 83-4, 107
eletrofiação 192
elementos 10-3, 18-9
enantiômeros 74-6
energia 30-3, 42-3
Engenharia genética 198-9, 205
entropia 44-5
enzimas 50, 52, 59, 80, 120, 132, 134--8, 140, 147, 149, 152, 163, 201
equilíbrio 38-41, 47
Equipe forense 82-5
espectros 86-9
esponjas 178
estalactites 40-1
estereoisômeros 76, 139, 179-80
etanol 59-60
eteno 156, 163

F
Faraday, Michael 30, 183-4
fases, mudança de 26-9
fermentação 58-61, 140
ferrugem 36, 54, 56
Feynman, Richard 182-4
Fischer, Hermann Emil 134-7, 139,
Fischer-Tropsch, processo 64, 67, 204-5
Fleming, Alexander 146-8
força atômica microscopia 35, 37
Ford, Henry 159
fotocatálise 50, 53
fotolitografia 100-1
fotossíntese 36, 54, 138, 141, 150-3, 175, 203-4
fotossistemas 151-2
fotovoltaico, efeito 175-6
Franklin, Rosalind 144-5
Friedlander, Paul 149
Frosch, Carl 98-9, 100-1

G

gases 26-7
gases nobres 12, 18
Gasolina 158-61
Gaucher, doença 135
Geim, Andre 186-8
genoma humano 145, 199, 200
glicose 138-41, 150, 152, 165
GPCRs 180
grafeno 116, 176, 186-9
grafite 7, 19, 116-7,127, 186-9
Grätzel, Michael 175

H

Haber, Processo 57, 70-3
halicondrina B 179-80
HFCs (hydrofluorocarbons) 168-9
hidrocarbonetos 63-4, 116, 128-9, 159--60, 204
hidrocarbonetos aromáticos policíclicos (PAHs) 128-9
hidrogênio 12, 14-6, 20, 23-5, 34, 36, 39, 41, 46-9, 52-3, 55-6, 64, 67, 71, 87-8, 95-7, 100, 123-4, 127, 135, 139, 151, 164, 203-5
hidrogenação 52
HIV drogas 137
Hodgkin, Alan 154-6
Hodgkin, Dorothy Crowfoot 52, 91-3
hormônios 137-8, 154-6
hormônios sexuais 154-5
Huxley, Andrew 154-5

I

impressão 3-D 191-3
Infravermelho, análise 88-9
Inorgânica, química 115, 123
Internet da Vida 108-9
Interestelar, meio 126-7
íons 7-8, 19, 21, 24, 39, 41, 47-8, 51, 55-6, 88, 95-6, 125, 135, 151, 155, 196, 203, 205
isômeros 76, 134,
isótopos 14-17

J

Joule, James Prescott 30-2, 42

K

Kaner, Richard 187-8
Karplus, Martin 110-13
Kettering, Charles 167-8
Kevlar 131, 171-2
Kilby, Jack 98, 101
Koshland, Daniel 136-7
Kwolek, Stephanie 171-2

L

"Lab-on-a-chip", tecnologia 106-9
Lauterbur, Paul 86, 88
Lavoisier, Antoine 46
Le Châtelier, Henri 41, 70-3
Le Châtelier, Princípio de 41, 70-2
levedo 59, 122, 134, 140, 146, 149, 199, 201
Liebig, Justus von 34-5
ligação hidrogênio 111, 120-1, 131, 144, 171-2
Ligações químicas/ligações 20, 22-5, 32, 37, 49, 52, 54, 64, 88-9, 95, 111--2, 117, 120-1, 130-2, 136, 139-40, 167, 171-2, 189,
líquidos, cristais 27-8, 104
líquidos 26-7, 58, 85

M

maltodextrina 139-40
Marte, vida em 128
Martin, Archer 83
Massa, espectrometria 87-9, 146
McGovern, Patrick 58
metabólitos, secundários 147
metanol 60
microfabricação 98-9, 100-1, 192
Midgley, Thomas, Jr 167-8
Miescher, Friedrich 142-5

Miller, Stanley 123, 130
misturas 19-20
moléculas 19, 20-6, 28, 32, 36-7, 39,
  40, 44, 47-8, 50, 52, 63-5, 68, 74-7,
  83, 84, 87, 88-93, 95, 102-6, 108-9,
  111-5, 118-20, 122-9
mol 47
Molina, Mario 168
MRI (magnetic resonance imaging)
  scan 86
músculos artificiais 194-7

N
nanotecnologia 9, 103, 181-5
nanotubos na eletrônica 184
nervosos, impulsos 154, 156
neurotransmissores 114, 156
neutrons 8, 11, 14-6, 114
Newman, Thomas 185
Nicholson, William 94-6, 204
niquel 52-3
nitrogênio 70-3, 160
nucleina 142-4
nucleotídeos 145, 199

O
Octano, números 160-1
Ohl, Russell 175-6
óleo 32, 52, 62-5, 67, 69, 96, 138,
  158-60,
orgânica, química 115
organometálicos 115
Orion, nave espacial 171, 173
oxidação 36, 54-7, 164
oxidantes, agentes 57
oxigênio 7, 14, 20, 24-5, 36, 46-7,
  54-6, 140, 150-2, 167

P
Pasteur, Louis 59
Pedra Filosofal 10
penicilina 92-3, 146-8
perovskita 175-7

pH, escala 48-9
plasma 26-7, 87-8
plásticos 53, 69, 115, 160, 162-5,
  191-2
poeira, interestelar 127-8
polímeros 20, 68, 79,139, 172, 195-7
polietileno 20, 52, 65, 156, 162-5,
  196-7
poluição 158, 160
potencial, energia 32
prata/ouro, chapeamento 95-6
Projeto racional 181
proporção energia para peso 194-5,
  197
propileno, óxido 69
proteínas 130-3, 135-8, 144-5, 152,
  180
protocélulas 125
prótons 6-8. 11-12, 15-6, 47-8, 88,
  114, 151
púrpura tíria 147, 149

Q
querosene 62-4
químicas equações 36
química, biblioteca 179-80
Química verde 78-81
químicas, reações 6-7, 12, 32, 34-7,
  43-4, 51, 53-4, 67-9, 89, 119, 132,
  175, 183
químicas, sínteses 66-9, 198
químicos, mensageiros 154-7
quiralidade 74-7

R
racêmicas, misturas 75
Radiação, tipos de 16
radioatividade 16
Raios-X 52, 90-2, 128, 132, 148,
  157, 181
reação em cadeia de polimerase (PCR)
  107
reações de oxirredução 54-7, 71, 151,
  160

Registro de Partes Biológicas Padrão 200
ressonância nuclear magnética (NMR) 86, 11
ribossomo 91, 132
RNA 124-5, 137-8, 145
Rowland, Sherry 168

S
Sabatier, Paul 52
sal 7-8, 19, 22, 24, 55, 79, 91, 96
seda de aranha 102, 131-2
separação 82-5
Shih, William 104
Shukhov, Torre (Moscow) 65
silício 174-6, 184, 188, 203
silício, chips 98-101, 111
Siillman, Benjamin 63
Sintética, biologia 198-9, 200-1
Smart Forvision, carro 176
Solar, células 153, 174-7, 187, 197, 203
Solares, concentradores 205
Solar, energia 30, 90, 151, 202, 204
sólidos 26-7
sopa primordial, teoria 123
Sumner, James 135-6
Superácidos 46, 48-9
Superpesados 12-3
syngás 64, 67, 204-5
Synge, Richard 83-4

T
Tabela Periódica 10-2, 24, 114, 203, 206-7
Tamiflu 67
talidomida 75-6
tela de galinheiro, estrutura 116, 188-9
termodinâmicas 32, 42-5
testagem de recém-nascidos 87, 89
titânio, dióxido de 128, 185
trabalho 31

V
Van der Waals 25
Venter, Craig 1989, 200
Viagra 179-80
vida, origens da 122-5
viscose (rayon) 66-7
VLC (very light car) 173
Volta, Alessandro 94-7

W
Watson, James 142, 144-5
Wiggins, Bradley 194-7

X
xenônio 18-9

Y
Yonath, Ada 91

Leia também

**Acreditamos
nos livros**

Este livro foi composto em Goudy Old Style e impresso pela Gráfica Santa Marta para a Editora Planeta do Brasil em fevereiro de 2022.